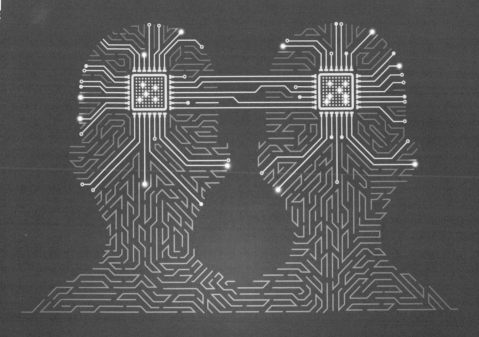

數位孿生

Digital Twin

孿生

虛實融合打造元宇宙的關鍵技術

Kevin Chen（陳根）著

全球十大科技趨勢之一

這是一場生產要素的革命，從製造業、建築業到航天航空領域
產品生命週期的顛覆性技術，實體物理與數位虛擬孿生從這裡起航

作　　者：Kevin Chen（陳根）
責任編輯：林楷倫

董 事 長：陳來勝
總 編 輯：陳錦輝

出　　版：博碩文化股份有限公司
地　　址：221 新北市汐止區新台五路一段 112 號 10 樓 A 棟
　　　　　電話 (02) 2696-2869　傳真 (02) 2696-2867

發　　行：博碩文化股份有限公司
郵撥帳號：17484299　戶名：博碩文化股份有限公司
博碩網站：http://www.drmaster.com.tw
讀者服務信箱：dr26962869@gmail.com
訂購服務專線：(02) 2696-2869 分機 238、519
（週一至週五 09:30 ～ 12:00；13:30 ～ 17:00）

版　　次：2022 年 10 月初版一刷

建議零售價：新台幣 450 元
I S B N：978-626-333-211-9
律師顧問：鳴權法律事務所 陳曉鳴律師

本書如有破損或裝訂錯誤，請寄回本公司更換

國家圖書館出版品預行編目資料

數位孿生：虛實融合打造元宇宙的關鍵技術 /
Kevin Chen(陳根) 著 . -- 初版 . -- 新北市 :
博碩文化股份有限公司 , 2022.10

　面；　公分

ISBN 978-626-333-211-9(平裝)

1.CST: 數位科技 2.CST: 虛擬實境 3.CST: 產
業發展

312.8　　　　　　　　　　　　111011629

Printed in Taiwan

博碩粉絲團

歡迎團體訂購，另有優惠，請洽服務專線
(02) 2696-2869 分機 238、519

前言

數位經濟是繼農業經濟、工業經濟之後，隨著資訊技術革命發展而產生的一種新的經濟形態，代表著新經濟的生命力，已成為經濟增長的主要動力源泉和轉型升級的重要驅動力，也是全球新一輪產業競爭的制高點。

2019 年 4 月 18 日，中國資訊通訊研究院發佈的《中國數位經濟發展與就業白皮書（2019 年）》顯示，2018 年中國數位經濟規模達到 31.3 萬億元，同比增長 20.9%，占 GDP 比重為 34.8%。產業數位化成為數位經濟增長的推手。近年來，數位經濟增長及規模備受關注，原因就在於數位經濟的發展速度顯著高於傳統經濟體系，成為發展上的「新動能」。

大力發展數位經濟已經成為國家實施大數據、助推經濟高品質發展的重要推手。數位經濟在穩定中成長、調整結構、促進轉型中已發揮引領作用。目前，中國數位經濟整體框架已基本建構，具體政策體系將加速成型。其中，「互聯網＋」高品質發展的政策體系正醞釀公布。這個政策體系包括數位經濟整體發展促進政策、規範或治理政策、相關環境政策，以及大數據、人工智慧、雲端計算等數位經濟重要行業發展相關政策。圍繞「互聯網＋」及數位經濟的系列重大工程會接續展開。

　　隨著數位經濟產業如火如荼地發展，網際網路、大數據、人工智慧等新技術越來越深入人們的日常生活。人們投入到社交網路、網路遊戲、電子商務、數位辦公中的時間不斷增多，個人也越來越多地以數位身份出現在社會生活中。可以想像，除去睡眠等佔用的無效時間，如果人類每天在數位世界活動的時間超過了有效時間的 50%，那麼人類的數位化身份會比物理世界的身份更真實有效。

　　2019 年 2 月，在世界範圍內影響最廣泛的醫療資訊技術行業大型展會之一的 HIMSS 全球年會上，西門子股份公司正在研發的人工智慧驅動的「數位孿生（Digital Twin）」技術亮相，指在透過數位技術瞭解患者的健康狀況並預測治療方案的效果。科幻片中的「數位孿生」正快速地成為現實。聽起來神一般的「數位孿生」到底是什麼？它可以實現什麼樣的功能？又可以為企業帶來什麼樣的效益？如何創建數位孿生？目前它在哪些實際應用領域發揮什麼作用呢？可以說，數位孿生技術是未來實體產業的基石，是一項影響產品生命週期管理的顛覆性技術，不論是製造業、建築業，還是航空航太領域，都會因數位孿生技術而發生革命性的變化。毫無疑問，數位孿生技術是一場現代工業的新生產要素的革命。

　　本書基於「5G 技術革命」「供給側改革」「互聯網 +」背景下的「數位經濟」和「數位孿生技術」，立足創新思維而編著出版。本書緊扣數位經濟產業發展中數位孿生技術研究和發展的熱點、難點與重點，內容包括數位孿生概論、數位孿生技術、數位孿生與工業 4.0、數位孿生城市、數位孿生在其他方面的應用、數位孿生應用案例、數

位孿生技術面臨的挑戰與發展趨勢、數位經濟產業政策，全面闡述了
數位孿生的相關知識和所需掌握的專業技能。同時，在本書的多個章
節中精選了很多與理論緊密相關的圖片和案例，增加了內容的生動
性和趣味性，更易理解和消化吸收，讓讀者輕鬆閱讀，易於理解和
接受。

　　本書由陳根編著。陳道雙、陳道利、陳小琴、陳銀開、盧德建、
高阿琴、向玉花、李子慧、朱芋錠、周美麗、李文華、林貽慧、黃連
環等為本書的編寫提供了很多幫助，在此表示深深的謝意。

　　由於編著者的水準及時間有限，本書的寫作過程中引用了一些具
有實用參考價值的研究成果，其中包括陶飛教授等於 2019 年 1 月發
表在《計算機整合製造系統》上的論文《數位孿生五維模型及十大
領域應用》、熊明先生等於 2019 年 2 月發表在《油氣儲運》上的論
文《數位孿生體在國內首條在役油氣管道的建構與應用》及莊存波先
生等研究人員於 2017 年 4 月發表在《電腦整合製造系統》上的論文
《產品數位孿生體的內涵、體系結構及其發展趨勢》等，並在書中加
注了引用說明，在此一併表示誠摯地感謝。

編著者 2019 年 8 月

目錄

C O N T E N T S

Chapter 1

概論

Chapter **2**

數位孿生技術

Chapter **3**

數位孿生與工業 4.0

Chapter **4**

數位孿生城市

Chapter **5**

數位孿生在其他方面的應用

Chapter **6**

數位孿生應用案例

Chapter **7**

數位孿生技術面臨的挑戰與發展趨勢

Chapter **8**

數位經濟產業政策

CHAPTER

概論

目前，網際網路、大數據、人工智慧等新技術越來越深入人們的日常生活。人們投入到社交網路、網路遊戲、電子商務、數位辦公中的時間不斷增多，個人也越來越多地以數位身份出現在社會生活中。可以想像，除去睡眠等佔用的無效時間，如果人類每天在數位世界活動的時間超過有效時間的 50%，那麼人類的數位化身份會比物理世界的身份更真實有效。在過去的幾年裡，物聯網領域一直流行著一個新的術語：數位孿生（Digital Twin）。這一術語已被美國知名諮詢及分析機構 Gartner 添加到 2019 年十大戰略性技術趨勢中。

2019 年 2 月，在世界範圍內影響最廣泛的醫療資訊技術行業大型展會之一 —— 美國醫療資訊與管理系統學會全球年會上，人工智慧（AI）醫療是與會人員廣泛關注的焦點話題，其中最引人注目的是西門子正在研發的 AI 驅動的「數位孿生」技術，指在透過數位技術瞭解患者的健康狀況並預測治療方案的效果。

2019 年 3 月 10 日，衣索比亞航空墜機事件導致那麼多條生命逝去，令人痛惜。痛定思痛，波音 737 MAX8 客機不到半年發生兩次重大事故，引發外界對飛機日常檢修維護的討論，與之相關的數位孿生概念股全部漲停，數位孿生技術亦受到愈加強烈地關注。

我們再來想像一下未來：當宇航員在遙遠的外太空執行一項緊急的艙外修復任務，沒有時間和空間進行預演，也沒有經驗可借鑒。環境極度危險，機會只有一次，怎麼辦？這時，我們的宇航員不慌不忙，將操作涉及的各項參數、外部環境、時間、溫度等整合

在一起，模擬出一個和現實一模一樣的虛擬環境，並對其進行反復實驗，直到找出最佳的操作方式和流程。然後將這套最佳方案輸入到要執行任務的太空機器人程式中，用最精確合理的操作在規定時間內完成艙外修復任務，將危險和失誤降到最低。

其實，這些已不再遙遠，科幻片中的「數位孿生」正快速地成為現實（見圖1-1）。聽起來神一般的「數位孿生」到底是什麼？它可以實現什麼樣的功能？又可以為企業帶來什麼樣的效益？如何創建數位孿生？目前它在哪些實際應用領域發揮著什麼樣的作用呢？

圖1-1　科幻片中的「數位孿生」正快速地成為現實

1.1 數位孿生的定義

1.1.1 數位孿生的一般定義

通俗來講，數位孿生是指標對物理世界中的物體，透過數位化的手段建構一個與數位世界中一模一樣的實體，藉此來實現對物理實體的瞭解、分析和優化。從更加專業的角度來說，數位孿生整合了人工智慧（AI）和機器學習（ML）等技術，將資料、演算法和決策分析結合在一起，建立模擬，即物理物件的虛擬映射，在問題發生之前先發現問題，監控物理物件在虛擬模型中的變化，診斷基於人工智慧的多維資料複雜處理與異常分析，並預測潛在風險，合理有效地規劃或對相關設備進行維護。

數位孿生是形成物理世界中某一生產流程的模型及其在數位世界中的數位化鏡像的過程和方法（見圖 1-2）。從圖中我們可以看到其五大驅動要素 — 物理世界的感測器、數據、整合、分析和致動器，以及持續更新的數位孿生應用程式。

❶ 感測器

生產流程中配置的感測器可以發出訊號，數位孿生可透過訊號獲取與實際流程相關的營運和環境資料。

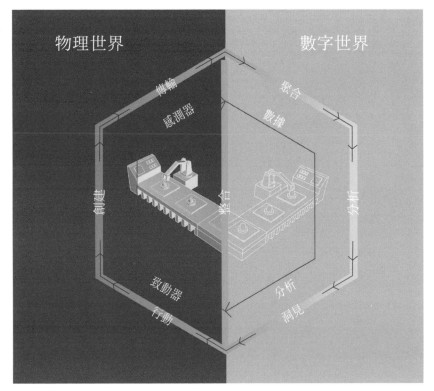

圖 1-2　數位孿生是在數位世界對物理世界形成映射 [1]

❷ 數據

感測器提供的實際營運和環境資料將在聚合後與企業資料合併。企業資料包括物料清單、企業系統和設計規範等，其他類型的資料包括工程圖紙、外部資料來源及客戶投訴記錄等。

1　德勤：《製造業如虎添翼：工業 4.0 與數位孿生》，融合論壇，2018.

❸ 整合

感測器透過整合技術（包括邊緣、通訊介面和安全）達成物理世界與數位世界之間的資料傳輸。

❹ 分析

數位孿生利用分析技術展開演算法模擬和視覺化程式，進而分析資料、提供洞見，建立物理實體和流程的准即時數位化模型。數位孿生能夠識別不同層面偏離理想狀態的異常情況。

❺ 致動器

若確定應當採取行動，則數位孿生將在人工干預的情況下透過致動器展開實際行動，推進實際流程的展開。

當然，在實際操作中，流程（或物理實體）及其數位虛擬鏡像明顯比簡單的模型或結構要複雜得多。

1.1.2 「工業 4.0」術語編寫組的定義

「工業 4.0」術語編寫組對數位孿生的定義是：利用先進建模和仿真工具建構的，覆蓋產品全生命週期與價值鏈，從基礎材料、設計、工藝、製造及使用維護全部環節，整合並驅動以統一的模型為核心的產品設計、製造和保障的數位化資料流程。透過分析這些概念可以發現，數位紐帶為產品數位孿生體提供存取、整合和轉換能

力，其目標是貫通產品全生命週期和價值鏈，實現全面追溯、雙向共用 / 交互資訊、價值鏈協同。[2]

如圖 1-3 所示，為著名的智慧製造專家張曙教授理解並形成的數位孿生概念框架，我們從中可以更直觀地理解「工業 4.0」術語編寫組對數位孿生的定義。

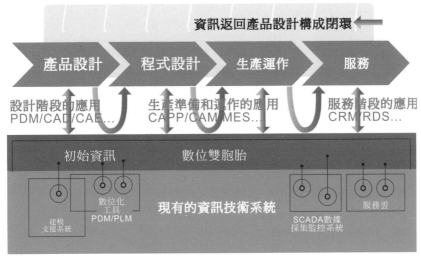

圖 1-3　張曙教授理解並形成的數位孿生概念框架[3]

從根本上來說，數位孿生是以數位化的形式對某一物理實體過去和目前的行為或流程進行動態呈現，有助於提升企業績效。

2　莊存波，等：《產品數位孿生體的內涵、體系結構及其發展趨勢》，《電腦整合製造系統》2017rh 年第 23 期。

3　Digital twin：《如何理解？如何應用》. http://sh.qihoo.com/pc/9cf5c809c89b80f5c?cota=3& refer_scene=so_1&sign=360_e39369d1。

1.2 數位孿生與數位紐帶

伴隨著數位孿生的發展，美國空軍研究實驗室和美國國家航空航天局同時提出了數位紐帶（Digital Thread，也譯為數位主線、數位執行緒、數位線、數位鏈等）的概念。數位紐帶是一種可擴展、可配置的企業級分析框架，在整個系統的生命週期中，透過提供存取、整合及將不同的、分散的資料轉換為可操作資訊的能力來通知決策制定者。數位紐帶可無縫加速企業資料–資訊–知識系統中的權威/發佈資料、資訊和知識之間的可控制的相互作用，並允許在能力規劃和分析、初步設計、詳細設計、製造、測試及維護採集階段動態即時評估產品在目前和未來提供決策的能力。數位紐帶也是一個允許可連接資料流程的通訊框架，並提供一個包含系統全生命週期各階段孤立功能的整合視圖。數位紐帶為在正確的時間將正確的資訊傳遞到正確的地方提供了條件，使系統全生命週期各環節的模型能夠即時進行關鍵資料的雙向同步和溝通。

透過分析和對比數位孿生和數位紐帶的定義可以發現，數位孿生體是物件、模型和資料，而數位紐帶是方法、通道、連結和介面，數位孿生體的相關資訊是透過數位紐帶進行交換、處理的。以產品設計和製造過程為例，產品數位孿生體與數位紐帶的關係如圖1-4所示。

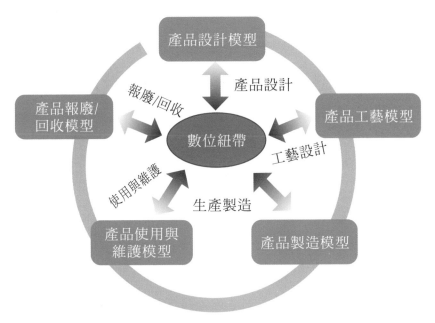

圖 1-4　產品數位孿生體與數位紐帶的關係

如圖 1-5 所示為融合了產品數位孿生體和數位紐帶的應用範例。仿真分析模型的參數可以傳遞到產品定義的全三維模型，再傳遞到數位化生產線加工 / 裝配成真實的物理產品，繼而透過線上的數位化檢驗 / 測量系統反映到產品定義模型中，進而回饋到仿真分析模型中。透過數位紐帶實現了產品全生命週期各階段的模型和關鍵資料雙向互動，使產品全生命週期各階段的模型保持一致性，最終實現閉環的產品全生命週期資料管理和模型管理。

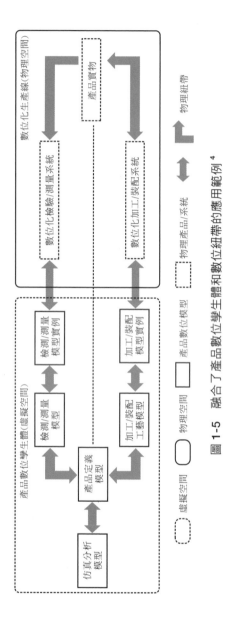

圖 1-5 融合了產品數位孿生體和實體數位紐帶的應用範例 [4]

4　莊存波，等：《產品數位孿生體的內涵、體系結構及其發展趨勢》，《電腦整合製造系統》2017 年第。23 期

　　簡單地說，數位紐帶貫穿了產品全生命週期，尤其是產品設計、生產、維運的無縫整合；而產品數位孿生體更像是智慧產品的映射，它強調的是從產品維運到產品設計的回饋。

　　產品數位孿生體是物理產品的數位化影子，透過與外界感測器的整合，反映物件從微觀到宏觀的所有特性，展示產品的生命週期的演進過程。當然，不止產品，生產產品的系統（生產設備、生產線）和使用維護中的系統也要按需求建立產品數位孿生體[5]。

5　Digital Twin：《數位孿生 工四 100 術語》，http://www.hysim.cc/view.php?id=81。

1.3 | 數位孿生技術的演化過程

1.3.1 美國國家航空航天局（NASA）阿波羅計劃

「孿生體 / 雙胞胎」概念在製造領域的使用，最早可追溯到美國國家航空航天局（NASA）的阿波羅計劃。在該專案中，NASA需要製造兩個完全一樣的空間飛行器，留在地球上的飛行器被稱為「孿生體」，用來反映（或做鏡像）正在執行任務的空間飛行器的狀態。在飛行準備期間，被稱為「孿生體」的空間飛行器被廣泛應用於訓練；在任務執行期間，利用該「孿生體」在地球上精確模仿太空模型進行仿真試驗，並盡可能精確地反映和預測正在執行任務的空間飛行器的狀態，從而輔助太空軌道上的太空人在緊急情況下做出最正確的決策。從這個角度可以看出，「孿生體」實際上是透過仿真即時反映物件的 1-6 真實運行情況的樣機或模型。它具有兩個顯著特點：

（1）「孿生體」與其所要反映的物件在外表（指產品的幾何形狀和尺寸）、內容（指產品的結構組成及其宏觀、微觀物理特性）和性質（指產品的功能和性能）上基本完全一樣。

（2）允許透過仿真等方式來鏡像 / 反映物件的真實的運行情況 / 狀態。需要指出的是，此時的「孿生體」還是實物。

1.3.2 邁克爾・格裡夫斯教授提出數位孿生體概念

　　2003 年，邁克爾・格裡夫斯教授在密西根大學的產品全生命週期管理課程上提出了「與物理產品等價的虛擬數位化表達」的概念：一個或一組特定裝置的數位複製品，能夠抽象表達真實裝置並可以此為基礎進行真實條件或模擬條件下的測試。該概念源於對裝置的資訊和資料進行更清晰地表達的期望，希望能夠將所有的資訊放在一起進行更高層次的分析。雖然這個概念在當時並沒有被稱為數位孿生體〔2003–2005 年被稱為「鏡像的空間模型（Mirrored Spaced Model）」，2006–2010 年被稱為「資訊鏡像模型（Information Mirroring Model）」〕，但是其概念模型卻具備數位孿生體的所有組成要素，即物理空間、虛擬空間及兩者之間的關聯或介面，因此可以被認為是數位孿生體的雛形。2011 年，邁克爾・格裡夫斯教授在其書《幾乎完美：透過產品全生命週期管理驅動創新和精益產品》中引用了其合作者約翰・維克斯描述該概念模型的名詞，也就是數位孿生體，並一直沿用至今。其概念模型（見 1-6 圖）包括物理空間的實體產品、虛擬空間的虛擬產品、物理空間和虛擬空間之間的資料和資訊互動介面。

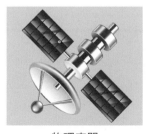

監測數據

方案評估
優化管理
與控制

物理空間

虛擬空間

圖 1-6　數位孿生體概念模型

　　維克斯描述的數位學生體概念模型極大地拓展了阿波羅計劃中的「學生體」概念（見表 1-2）。

▶ 表 1-2　數位學生體概念模型對阿波羅專案中的「學生體」概念的擴展

Dr.Michael Grieves 數位學生體 概念模型對阿波羅計劃中的「學生體」概念的擴展	
1	將學生體數位化，採用數位化的表達方式建立一個與產品實體在外表、內容和性質一樣的虛擬產品。
2	引入虛擬空間，建立虛擬空間和實體空間的關聯，彼此之間可以進行資料和資訊的互動。
3	形象直觀地體現了虛實融合，以虛控實的理念。
4	對該概念進行擴展和延伸，除了產品以外，針對工廠、廠房、生產線、製造資源（工位、設備、人員、物料等），在虛擬空間都可以建立相對應的數位學生體。

　　受限於當時的科技條件，該概念模型在 2003 年提出時並沒有引起國內外學者們的重視。但是隨著科學技術和科研條件的不斷改善，數位學生的概念在模擬仿真、虛擬裝配和 3D 列印等領域得到逐步擴展及應用。

1.3.3　美國空軍研究實驗室（AFRL）提出利用數位學生體解決戰鬥機機體的維護問題

　　美國空軍研究實驗室（AFRL）在 2011 年制定未來 30 年的長期願景時吸納了數位學生的概念，希望做到在未來的每一架戰機交

付時可以一併交付對應的數位孿生體，並提出了「機體數位孿生
體」的概念：機體數位孿生體作為正在製造和維護的機體的超寫實
模型，是可以用來對機體是否滿足任務條件進行模擬和判斷的，如
圖 1-7 所示。

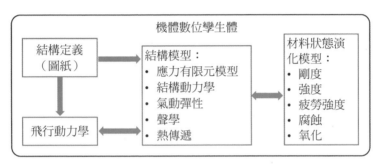

圖 1-7　AFRL 提出利用數位孿生體解決戰鬥機機體的維護問題

　　機體數位孿生體是單個機身在產品全生命週期的一致性模型和
計算模型，它與製造和維護飛行器所用的材料、製造規範及流程相
關聯，它也是飛行器數位孿生體的子模型。飛行器數位孿生體是一
個包含電子系統模型、飛行控制系統模型、推進系統模型和其他子
系統模型的整合模型。此時，飛行器數位孿生體從概念模型階段步
入初步的規劃與實施階段，對其內涵、性質的描述和研究也更加深
入，體現在如表 1-3 所示的五個方面。

▶ 表 1-3　飛行器數位孿生體從概念模型階段步入初步的規劃與實施階段的體現

飛機數位孿生體 從概念模型階段步入初步的規劃與實施階段的體現	
1	突出了數位孿生體的層次性和整合性，例如飛行器數位孿生體、機體數位孿生體、機體結構模型、材料狀態演化模型等，有利於數位孿生體的逐步實施及最終實現。
2	突出了數位孿生體的超寫實性，包括幾何模型、物理模型、材料演化模型等。
3	突出了數位孿生體的廣泛性，即包括整個產品全生命週期，並從設計階段延伸至後續的產品製造階段和產品服務階段。
4	突出了數位孿生體在產品全生命週期的一致性，體現了單一資料源的思想。
5	突出了數位孿生體的可計算性，可以透過仿真和分析來即時反映對應產品實體的真實狀態。

1.3.4　NASA 與 AFRL 的合作

2010 年，NASA 開始探索即時監控技術（Condition–Based Monitoring）。2012 年，面對未來飛行器輕品質、高負載及更加極端環境下的更長服役時間的需求，NASA 和 AFRL 合作並共同提出了未來飛行器的數位孿生體概念。針對飛行器、飛行系統或運載火箭等，他們將飛行器數位孿生體定義為：一個面向飛行器或系統整合的多物理、多尺度、概率仿真模型，它利用當前最好的可用物理模型、更新的感測器資料和歷史資料等來反映與該模型對應的飛行實體的狀態。

在合作雙方於 2012 年對外公佈的「建模、仿真、資訊技術和處理」技術路線圖中，將數位孿生列為 2023–2028 年實現基於仿真的系統工程的技術挑戰，數位孿生體也從那時起被正式帶入公眾的視野當中。該定義可以認為是 NASA 和 AFRL 對其之前研究成果的一個階段性總結，著重突出了數位孿生體的整合性、多物理性、多尺度性、概率性等特徵，主要功能是能夠即時反映與其對應的飛行產品的狀態（延續了早期阿波羅計劃「孿生體」的功能），使用的資料包括當時最好的可用產品物理模型、更新的感測器資料及產品組的歷史資料等。

1.3.5　數位孿生技術先進性被多個行業借鑒吸收

2012 年，奇異公司（General Electric Company）利用數位化手段實現資產績效管理（Assets Performance Management，APM）。2014年，隨著物聯網技術、人工智慧和虛擬實境技術的不斷發展，更多的工業產品、工業設備具備了智慧的特徵，而數位孿生也逐步擴展到了包括製造和服務在內的完整的產品全生命週期階段，並不斷豐富著自我形態和概念。但由於數位孿生高度的整合性、跨學科性等特點，很難在短時間內達到足夠的技術成熟度，因此針對其概念內涵與應用實例的漸進式研究顯得尤其重要。其中的典型成果是NASA 與 AFRL 合作建構的 F-15 戰鬥機機體數位孿生體，目的是對在役飛機機體結構展開健康評估與損傷預測，提供預警並給出維修及更換指導。此外，奇異公司計畫基於數位孿生實現對發動機的即

時監控和預測性維護；達索計畫透過 3Dexperience 體驗平台實現與產品的數位孿生互動，並以飛機雷達為例進行了驗證。

雖然數位孿生概念起源於航空航太領域，但是其先進性正逐漸被其他行業借鑒吸收。基於建築資訊模型（Building Information Modelling，BIM）的研究建構了建築行業的數位孿生；BIM、數位孿生、增強現實與核能設施的維護得以綜合討論；醫學研究學者參考數位孿生思想建構「虛擬胎兒」用以篩查家族遺傳病。

2017 年，美國知名諮詢及分析機構 Gartner 將數位孿生技術列入當年十大戰略技術趨勢之中，認為它具有巨大的顛覆性潛力，未來 3 ～ 5 年內將會有數以億件的物理實體以數位孿生狀態呈現。

在中國，在「互聯網 +」和實施製造強國的戰略背景下，數位孿生在智慧製造中的應用潛力也得到了許多國內學者的廣泛關注，他們先後探討了數位孿生的產生背景、概念內涵、體系結構、實施途徑和發展趨勢，數位孿生體在構型管理中的應用，以及提出了數位孿生工廠（Digital Twin Workshop）的概念，並就如何實現製造物理世界和資訊世界的交互共融展開了理論研究和實踐探索。

整體來講，目前數位孿生仍處於技術萌芽階段，相關的理論、技術與應用成果較少，而具有實際價值可供參考借鑒的成果少之又少。

1.4 數位孿生技術的價值體現及意義

1.4.1 數位孿生技術的價值體現

數位孿生能為企業做什麼？

技術的發展歷來逃不開一個重要命題，那就是能否為企業創造實際價值。過去，創建數位孿生體的成本高昂，且收效甚微。隨著儲存與計算成本日益走低，數位孿生的應用案例與潛在收益大幅上漲，並轉而提升商業價值。

在探析數位孿生的商業價值時，企業須重點考慮戰略績效與市場動態的相關問題，包括持續提升產品績效、加快設計週期、發掘新的潛在收入來源，以及優化保修成本管理。可根據這些戰略問題，開發相應的應用程式，藉助數位孿生創造廣泛的商業價值。如表 1-4 所示，列舉了數位孿生各種類型的商業價值。

▶ 表 1-4　數位孿生的商業價值 [6]

商業價值類型	潛在的商業價值
品質	• 提升整體品質 • 預測並快速發現品質缺陷趨勢 • 控制品質漏洞，判斷何時會出現品質問題
保修成本與服務	• 瞭解當前設備配置，優化服務效率 • 判斷保修與索賠問題，以降低整體保修成本，並改善客戶體驗
營運成本	• 改善產品設計，有效實施工程變更 • 提升生產設備性能 • 減少操作與流程變化
記錄保存與編序	• 創建數位檔案，記錄零部件與原材料編號，從而更有效地管理召回產品與保固申請，並進行強制追蹤
新產品引進成本與交付週期	• 縮短新產品上市時間 • 降低新產品整體生產成本 • 有效識別交付週期較長的部件及其對供應鏈的影響
收入增長機會	• 識別有待升級的產品 • 提升效率，降低成本，優化產品

　　除了上述商業價值領域，數位孿生還可協助製造企業建構關鍵績效指標。綜合而言，數位孿生可用於諸多應用程式，以提升商業價值，並從根本上推動企業展開業務轉型。其所產生的價值可運用確實結果予以檢測，而這些結果則可追溯至企業關鍵指標。

6　工業 4.0 新概念：《數位孿生 —— 生產流程數位化讓製造業如虎添翼》，https://www.iyiou. com/intelligence/insight65822.html。

　　如今，數位孿生越來越被各大廠商重視，並作為一種服務企業的解決方案和手段，可見其潛力巨大。

（1）模擬、監控、診斷、預測和控制產品在現實環境中的形成過程和行為。

　　如圖 1-8 所示，工廠透過建立裝配仿真，能讓工程師更好地瞭解產品的結構及運行狀態。

圖 1-8　裝配仿真能讓工程師更好地瞭解產品的結構及運行狀態

（2）從根本上推進產品全生命週期高效協同並驅動持續創新（見圖 1-9）。

圖 1-9　從根本上推進產品全生命週期高效協同並驅動持續創新

　　ANSYS 公司作為仿真領域的領導者，透過與奇異公司密切合作，將其仿真軟體與奇異公司的工業資料及分析雲端平台 Predix 進行整合，仿真能力與資料分析功能的結合能夠幫助企業獲得戰略性的洞察力資訊。

　　奇異公司為每個引擎、每個渦輪、每台核磁共振製造一個數位孿生體，透過擬真的數位化模型在虛擬空間進行偵錯、試驗，即可知道如何讓機器效率達到最高，然後將最佳化的方案應用於實體模型上（見圖 1-10）。

圖 1-10　利用數位孿生擬真的數位化模型實現方案最佳化

（3）數位化產品全生命週期檔案為全過程追溯和持續改進研發奠定了資料基礎（見圖 1-11）。

圖 **1-11** 　數位化產品全生命週期檔案為全過程追溯和持續改進研發
　　　　　　奠定資料基礎

　　如圖 1-12 所示是美國參數科技（PTC）公司的數位孿生方案：
能夠透過安裝在自行車上的裝載感應器記錄自行車的實際情況，例
如所受外來壓力、速度及地理位置改變等。

圖 **1-12**　PTC 公司裝載感應器記錄自行車的實際情況

（4）創造價值趨向無限。

利用數位孿生，任何製造商都可以在資料驅動的虛擬環境中進行創建、產生、測試和驗證，這種能力將成為其在未來若干年內的核心競爭力。

1.4.2 數位孿生技術的意義

自數位孿生的概念被提出以來，其技術在不斷地快速演化，無論是對產品的設計、製造還是服務，都產生了巨大的推動作用。

今天的數位化技術正在不斷地改變每一個企業。未來所有的企業都將數位化，這不只是要求企業開發出具備數位化特徵的產品，更是指透過數位化手段改變整個產品全生命週期流程，並透過數位化的手段連接企業的內部和外部環境。

產品全生命週期的縮短、產品定制化程度的加強及企業必須同上下游建立起協同的生態環境，都迫使企業不得不採取數位化的手段來加速產品的開發速度，提高生產、服務的有效性，以及提高企業內外部環境的開放性。

數位孿生與沿用了幾十年基於經驗的傳統設計和製造理念相去甚遠，使設計人員可以不用透過開發實際的物理原型來驗證設計理念，不用透過複雜的物理實驗來驗證產品的可靠性，不需要進行小批量試製就可以直接預測生產瓶頸，甚至不需要去現場就可以洞悉

銷售給客戶的產品運行情況。因此，這種數位化轉變對傳統工業企業來說可能非常難以改變及適應，但這種方式確實是先進的、契合科技發展方向的，無疑將貫穿產品的生命週期，不僅可以加速產品的開發過程，提高開發和生產的有效性和經濟性，更能有效地瞭解產品的使用情況並說明客戶避免損失，還能精準地將客戶的真實使用情況回饋到設計端，實現產品的有效改進。

而所有的這一切，都需要企業具備完整的數位化能力，而其中的基礎就是數位孿生。數位孿生技術的應用意義主要體現在如表 1-5 所示的 4 個方面。

▶ 表 1-5　數位孿生技術的應用意義

數位孿生技術的應用意義	
1	更便捷，更適合創新
2	更全面的測量
3	更全面的分析和預測能力
4	經驗的數位化

❶　更便捷，更適合創新

數位孿生透過設計工具、仿真工具、物聯網、虛擬實境等各種數位化的手段，將物理設備的各種屬性映射到虛擬空間中，形成可拆解、可複製、可轉移、可修改、可刪除、可重複操作的數位鏡像，這極大加速了操作人員對物理實體的瞭解，可以讓很多原來由

於物理條件限制、必須依賴於真實的物理實體而無法完成的操作方式（如模擬仿真、批量複製、虛擬裝配等）成為觸手可及的工具，更能激發人們去探索新的途徑來優化設計、製造和服務。

❷ 更全面的測量

只要能夠測量，就能夠改善，這是工業領域不變的真理。無論是設計、製造還是服務，都需要精確地測量物理實體的各種屬性、參數和運行狀態，以實現精準的分析和優化。

但是傳統的測量方法必須依賴價格昂貴的物理測量工具，如感測器、採集系統、檢測系統等，才能夠得到有效的測量結果，而這無疑會限制測量覆蓋的範圍，對於很多無法直接採集的測量值的指標往往愛莫能助。

而數位孿生則可以藉助物聯網和大數據技術，透過採集有限的物理感測器指標的直接資料，並藉助大樣本庫，透過機器學習推測出一些原本無法直接測量的指標。例如，可以利用潤滑油溫度、繞組溫度、轉子扭矩等一系列指標的歷史資料，透過機器學習來建構不同的故障特徵模型，間接推測出發電機系統的健康指標。

❸ 更全面的分析和預測能力

現有的產品全生命週期管理很少能夠實現精準預測，因此往往無法對隱藏在表像下的問題進行預判。而數位孿生可以結合物聯網的資料獲取、大數據的處理和人工智慧的建模分析，實現對當前狀

態的評估、對過去發生問題的診斷，並給予分析的結果，模擬各種可能性，以及實現對未來趨勢的預測，進而實現更全面的決策支援。

❹ 經驗的數位化

在傳統的工業設計、製造和服務領域，經驗往往是一種捉摸不透的東西，很難將其作為精準判決的數位化依據。相比之下，數位孿生技高一籌，它的一大關鍵性進步就是可以透過數位化的手段，將原先無法保存的專家經驗進行數位化，並可以保存、複製、修改和轉移。

例如，針對大型設備運行過程中出現的各種故障特徵，可以將感測器的歷史資料透過機器學習訓練出針對不同故障現象的數位化特徵模型，並結合專家處理的記錄，使其形成未來對設備故障狀態進行精準判決的依據，並可針對不同的新形態的故障進行特徵庫的豐富和更新，最終形成自治化的智慧診斷和判決[7]。

7　寄雲科技：《一文讀懂數位孿生的應用及意義》，http://www.clii.com.cn/lhrh/hyxx/201810/ t20181008_3924192.html。

Note

CHAPTER

2 數位孿生技術

2.1 | 數位孿生的相關領域

想要釐清數位孿生技術的內涵和體系架構，就需要梳理如表 2-1 所示的數位孿生的相關領域。

▶ 表 2-1　數位孿生的相關領域

數位孿生的 10 大關係	
1	數位孿生與 CAD 模型
2	數位孿生與 PLM 軟體
3	數位孿生與物理實體
4	數位孿生與賽博物理系統 CPS
5	數位孿生與雲端
6	數位孿生與工業網際網路
7	數位孿生與工廠產線生產
8	數位孿生與智慧製造
9	數位孿生與工業邊界
10	數位孿生與 C10

2.1.1　數位孿生與電腦輔助設計

電腦輔助設計（Computer Aided Design，CAD）模型是在 CAD 完工之後形成的，是靜態的。

在絕大多數場合中，CAD 模型就像象棋裡面一個往前沖的小卒；數位孿生則不同，它與物理實體的產生是步步相連的，實體沒有被製造出來時，也就沒有相對應的數位孿生產生，就像一個放飛在天空中頻頻回頭的風箏，兩頭互相拉著。

在過去，三維模型的作用行使之後就被工程技術人員放在電腦的文件夾裡「沉睡」。而數位孿生卻是神通廣大、不可小覷的。它是基於高保真的三維 CAD 模型，被賦予了各種屬性和功能定義（包括材料、感知系統、機械運動原理等）；它的儲存位置為一般圖形資料庫，而不是關係型數據庫；它可以回收產品的設計、製造和運行的資料，再注入到全新的產品設計模型中，使設計發生翻天巨變。

更值得一提的是，因為數位孿生在前期就可以具備識別異常的功能，從而在尚未生產的時候就能消除產品缺陷，所以用它來取代以前昂貴卻又不得不用的原型，成為可能甚至現實。

根據 IBM 的認知，數位孿生體就是物理實體的一個數位化替身，可以演化為萬物互連複雜的生態系統。它是一個動態的、有血有肉的、活生生的三維模型。可以說，數位孿生體是三維模型的進階，也是物理原型的超級新替身。

2.1.2 數位孿生與產品全生命週期管理

產品全生命週期管理（Product Lifecycle Management，PLM），雖然號稱為「全週期管理」，但就一個產品的設計、製造、服務的全過

程而言，製造後期的管理往往戛然而止，導致大量在製造中執行的工程狀態的更改資料往往無法返還給研發設計師。那麼產品一旦出廠，它的相關現狀「無跡可尋」，更無法透過 PLM 對其進行追蹤。

數位孿生的出現改變了這種窘態。它是對物理產品的全程（包括損耗和報廢）進行的數位化呈現，使產品「全生命週期」透明化、自動化的管理概念得以變為現實。這意謂著只有在工業網際網路時代，全生命週期管理才能藉助數位孿生、工業網際網路等眾多技術和商業模式合力實現的一個新的盈利模式。

2.1.3　數位孿生與物理實體

從理論上來說，數位孿生可以對一個物理實體進行全息複製。但在實際應用中，受企業對產品服務的定義深度的限制，它可能只截取了物理實體的一些小小的、動態的片段，只解決了某個方面的問題，例如，也許只是從一個機器的幾百個零部件中提取幾個來做數位孿生體。

數位孿生體與物理實體存在三種映射關係：

（1）一對一：一台機器對應一個數位孿生體；

（2）一對多：一個數位孿生體對應多個儀錶；

（3）多對一：幾個數位孿生體對應一台機器。

在某些場合，虛擬感測器可能比實體感測器更多。如圖 2-1 所示，凱撒空氣壓縮機公司不僅售賣空氣壓縮機，還售賣空氣壓力。透過與其他工程設計軟體公司合作建立的凱撒空氣壓縮機數位孿生體，可以實現圖表與表單數據同源。數位孿生體可以被用來進行程式設計和編譯，透過其對物理實體的控制，優化物理實體的狀態及營運。

圖 2-1　凱撒空氣壓縮機公司與合作方建立的數位孿生體

2.1.4　數位孿生與賽博物理系統

賽博物理系統（Cyber-Physical Systems，CPS）是一個包含計算、網路和物理實體的複雜系統，透過 3C（Computing、Communication、

Control）技術的有機融合與深度協作，透過人機互動介面實現與物理進程的互動，使賽博空間以遠端、可靠、即時、安全、協作和智慧化的方式操控一個物理實體。CPS 主要用於非結構化 R 流程自動化，把物理知識與模型整合到一起，透過實現系統的自我適應與自動配置，縮短迴圈時間，提升產品與服務品質。

數位孿生與 CPS 不同，它主要用於物理實體的狀態監控及控制。數位孿生以流程為核心，CPS 以資產為核心。

在數位孿生與 CPS 的關係中有一個對工業 4.0 非常重要的支撐概念 ── 資產管理殼（Asset Administration Shell，AAS，見圖 2-2）。它使物理資產有了資料描述，實現了與其他物理資產在網際空間的互動。

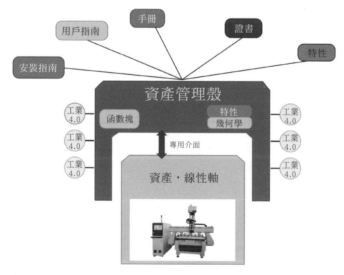

圖 2-2　資產管理殼

資產管理殼是與物理資產相伴相生的軟體層，包括資料和介面，是 CPS 的實體層 P 與賽博層 C 進行互動的重要支撐部分。CPS 的關鍵點在於 Cyber，在於控制，在於與物理實體進行的互動。從這個意義層面而言，CPS 中的實體層 P--Physics，必須具有某種可程式設計性，與數位孿生體所對應的物理實體有相同的關係，依靠數位孿生來實現。在工業 4.0 的 RAMI4.0 概念中，物理實體是指設備、部件、圖紙檔、軟體等。但是就目前而言，如何實現軟體的數位孿生，特別是在軟體運行時如何實現映射還是一個尚不明確的問題。

從德國 Drath 教授研究的 CPS 三層架構與數位孿生（見圖 2-3）中可以解析出，數位孿生是 CPS 建設的一個重要基礎環節。未來，數位孿生與資產管理殼可能會融合在一起。但數位孿生並非一定要用於 CPS，有的時候它不是用來控制流程的，而只是用來顯示相關狀態的資訊。

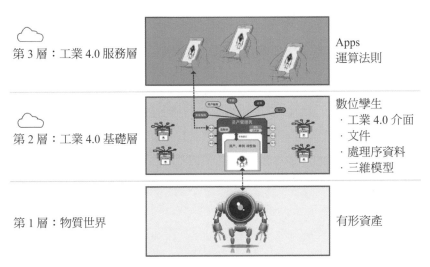

圖 2-3　CPS 三層架構與數位孿生

2.1.5 數位孿生與雲端

在 Web3.0 中有雲端的概念。雲端軟體平台採用虛擬化技術，集軟體搜尋、下載、使用、管理、備份等多種功能於一體，為網民建置軟體資源、軟體應用和軟體服務平台，改善目前軟體的獲取和使用方式，帶給使用者簡單流暢、方便快捷的全新體驗。一般來說，數位孿生體是放在雲端的。

西門子傾向於將數位孿生看成是純粹的基於雲端的資產，因為運行一個數位孿生需要的計算規模和彈性都很大。

SAP Leonardo 平台從挪威一家軟體公司購買了一款三維軟體，為數位孿生引入了一個雲端解決方案 —— 預防性工程洞察力。採用該方案可以實現對那些從感測器得來的壓力、張力和材料生效資料進行評估，從而說明企業加強對設備的洞察。

奇異公司、ANSYS 傾向於認為數位孿生體是一個包含邊緣和雲端計算的混合模型。而美國的一家創新公司則開發了一套套裝軟體，建立了直接面向邊緣的數位孿生。這個數位孿生與常規數位孿生的雲端概念的不同之處在於：它是根據即時進入的資料經過機器學習逐漸建立機器失效的概念，整個分析就在邊緣端完成，不需要上傳到網路端（見圖 2-4）。

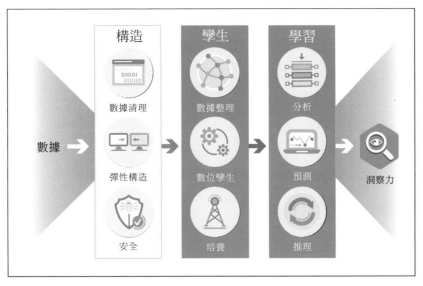

圖 2-4　數位孿生在從資料到知識過程中的作用

可以看出，對於數位孿生而言，無論是雲端還是線下的部署都同等重要。

2.1.6　數位孿生與工業網際網路

從 Garnter 發佈的 2017 年新興技術成熟度曲線圖（見圖 2-5）上可以看出，數位孿生技術正處於冉冉上升的階段。IDC 公司在 2017 年 11 月發佈，到 2020 年全球排名前 2000 家的企業中，將有 30% 使用工業網際網路產品中的數位孿生來助力產品創新。

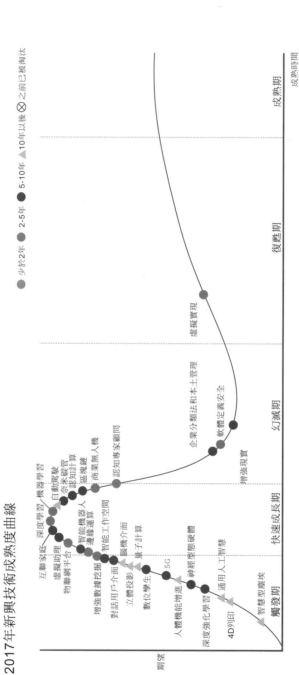

圖 2-5 Garnter 發佈的 2017 年新興技術成熟度曲線圖

雖然現在離數位孿生的普及應用尚早，但每一家企業都不能再逃避數位孿生現實技術的發展趨勢。工業網際網路天生具有雙向通路的特徵，是數位孿生的孵化床，物理實體的各種資料收集、交換，都要藉助它來實現。工業網際網路將機器、物理基礎設施都連接到數位孿生上，並將資料的傳遞、儲存分別放到邊緣或者雲端上。

可以說，工業網際網路啟動了數位孿生的生命，使數位孿生真正成為一個有生命力的模型。數位孿生是工業網際網路的重要場景，核心是在合適的時間、合適的場景，做基於資料的、即時正確的決定，這意謂著它可以更好地服務客戶。數位孿生是工業 App 的完美搭檔，一個數位孿生體可以支援多個工業 App。工業 App 利用數位孿生技術可以分析大量的 KPI 資料，包括生產效率、當機分析、失效率、能來源資料等，形成評估結果回饋並儲存，使產品與生產的模式都可以得到優化。

2.1.7 數位孿生與工廠生產

工廠生產以流程為核心，而數位孿生是以資產為核心的。

利用數位孿生，可以對機器安裝、生產線安裝等建立一個龐大的、虛擬的仿真版本，透過將物理生產線在網際空間進行複製，提前對安裝、測試的工藝進行仿真。對數位孿生體的記錄和分析，在實際生產線安裝時可以直接複製使用，從而大幅降低安裝成本，加速新產品的「落地生根」。同時，可以利用在機器偵錯中持續產生的資料波動（如能耗、錯誤比率、迴圈週期等）來優化生產，並且這些資料可以在後續的工廠和設備運行過程中發揮作用，提高生產效率。

值得一提地對生產線的好處是：在一些關鍵節點，數位孿生只需攜帶一部分資訊而不需要完整的物料清單（Bill of Material，BOM，是以資料格式來描述產品結構的檔案，是電腦可以識別的產品結構資料檔案，也是企業資源計畫的主導檔。BOM 使系統能夠識別產品結構，是聯繫與溝通企業各項業務的紐帶）。代工生產供應商要考慮的問題也不僅僅再侷限於產品本身，而擴展到為多領域模型、感測器、邊緣設備等軟體配套。

2.1.8　數位孿生與智慧製造

智慧製造的範疇太廣泛，在智慧製造中，智慧生產、智慧產品和智慧服務，只要涉及智慧，多多少少都會用到數位孿生。

數位孿生是智慧服務的重要載體，相關的三類數位孿生如表 2-2 所示。

▶ 表 2-2　與智慧服務相關的三類數位孿生

三類數位孿生	
1	**功能型數位孿生** 指示一個物體的基本狀態，例如開關或者滿或者空。
2	**靜態數位孿生** 用來收集原始資料，以便用來做後續分析，但尚沒有建立分析模型。
3	**高保真數位孿生** 最重要。它可以對一個實體做深入的分析，檢查包括環境在內的各關鍵因素，用於預測和指示如何操作。NASA 是這方面的例子。

在過去，產品一旦交付給使用者，公司各部門就「無事一身輕」，無人再放在心上，導致產品研發走上「斷頭路」。

數位孿生起源於設計、形成於製造，最後以服務的形式在使用者端與製造商保持聯繫。智慧製造的各個階段都離不開數位孿生，現如今，透過數位孿生體，研發人員可以獲取實體的回饋，得出最寶貴的優化方法，讓產品不再受冷落。換言之，數位孿生體就是一個「測試沙盒」，許多全新的產品創意可以直接透過數位孿生傳遞給實體。數位孿生正逐漸成為一個數位化企業的標配。以德國雄克夾具公司為例，其將會為 5000 個標準產品均配置一個「數位孿生體」，其中的 50 個零部件已經進入建模階段。

2.1.9 數位孿生與工業邊界

對一個產品的全生命週期過程而言，數位孿生發源於創意階段，CAD 設計從開始到物理產品實現，再到進入消費階段的服務記錄是持續更新的。然而，一個產品的製造過程本身也可能是一個數位孿生體，如工藝仿真、製造過程，都可以建立一個複雜的數位孿生體，進行仿真模擬，並記錄真實資料進行互動。

產品的測試也是如此。在汽車自動駕駛領域，一個驗證 5 級自動駕駛系統的實例即使不是最複雜的數位孿生應用，那也是非常重要的一個應用。如果沒有數位仿真，要完成這樣的驗證，則需要完成 140 億公里的實況測試，工程和成本都太浩大了。

對於一個工廠的建造，數位孿生同樣可以發揮巨大作用。透過建築資訊模型和仿真手段，對工廠的水電氣網及各種設施建立數位孿生體，實現虛擬工廠裝配。並在真實廠房建造之後，繼續追蹤記錄廠房自身的變化。

數位孿生技術在廠房設施與設備的維護研究方面，已有西門子在 COMOS 平台建立了數位孿生體，並且與手機 App 呼應（見圖 2-6）。這樣，維修工人進入工廠，帶著手機就可以地隨時掃描 RFID 或者 QR code，分析備件、文件和設備資訊及維修狀況，並將具體任務分配到人。

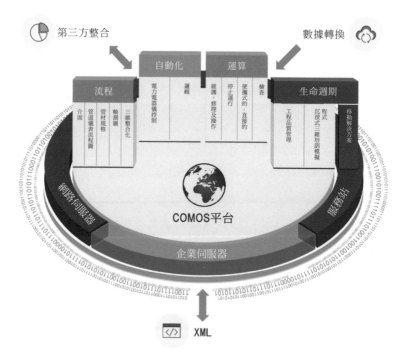

圖 2-6　西門子的廠房設施管理

同樣，鑽井平台、集裝箱、航行的貨船都可以建立一個對應的數位孿生體（見圖 2-7）。

圖 2-7　鑽井平台的數位孿生體

數位孿生的應用範圍其實比上述提到的領域還廣闊得多，數位孿生體還可以是一個複雜的組織或城市 —— 數位孿生組織（Digital Twin Organization，DTO），又可稱為數位孿生企業（Digital Twin Enterprise，DTE）。例如，荷蘭的軟體公司 Mavim 能夠提供資料孿生組織軟體產品，把企業內部的每一個物理資產、技術、架構、基礎設施、客戶互動、業務能力、戰略、角色、產品、服務、物流與管道都連接起來，實現資料互連互通和動態可視。

又如，利用法國達索系統的 3DEXPERIENCE City，可以為新加坡城市建立一個完整的「數位孿生新加坡」（見圖 2-8）。城市規劃師就可以利用數位影像更好地解決城市能耗、交通等問題；商店可以根據實際人流的情況調整營業時間；紅綠燈也不再是以固定的時

間間隔顯示；突發事件的人群疏散都有緊急的即時預算模型；企業之間的採購、分銷關係甚至都可以加進去，形成「虛擬社交企業」。

圖 2-8　新加坡的數位孿生城市

在，2018 年斯皮爾伯格執導的電影《頭號玩家》中，普通人可以透過 VR/AR 自由進入一個虛擬的城市消耗自己的情感，也可以隨時退回到真實的社區延續虛擬世界的情感。而這一切，在現實世界中似乎變得越來越可行。

2.1.10　數位孿生與 CIO

　　根據 Gartner 的預測，到 2021 年有 50% 的大型企業使用數位孿生，首席資訊官或資訊主管（Chief Information Officer，CIO）一職將炙手可熱。CIO 是負責一個公司資訊技術和系統所有領域的高級官員，他們透過指導對資訊技術的利用來支援公司的目標。

　　數位孿生聚焦於物理資產與以資產為核心的新業務模式，CIO 則習慣聚焦於流程提升和成本下降。CIO 是否能夠獨立應付建立數位孿生，是對其的一個嚴峻的考驗。這不僅涉及經濟方面的問題，還涉及商業模式和商業交付。例如，一個輪胎製造商在為用戶交付一個輪胎的時候，必須同時交付一套數位孿生體及其支撐軟體。這意謂著在輪胎的合約裡面會出現軟體交付和資料交付條款，這是一個商業問題，而不再僅僅是企業資訊化的問題。

　　除了需要企業的各個部門共同制定戰略，還有很多的數位倫理問題需要企業跟合作夥伴及用戶一起分析可能帶來的結果。很顯然，企業的數位孿生會影響到供應商、合作夥伴。這些，都不是 CIO 可以獨自處理的事務。

2.2 數位孿生的技術體系

　　數位孿生技術的實現依賴於諸多先進技術的發展和應用，其技術體系按照從基礎資料獲取層到頂端應用層可以依次分為資料保障層、建模計算層、功能層和沉浸式體驗層，從建模計算層開始，每一層的實現都建立在前面各層的基礎之上，是對前面各層功能的進一步豐富和拓展。如圖 2-9 所示為數位孿生的技術體系。

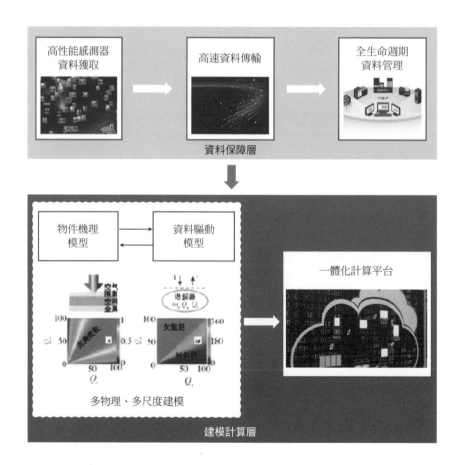

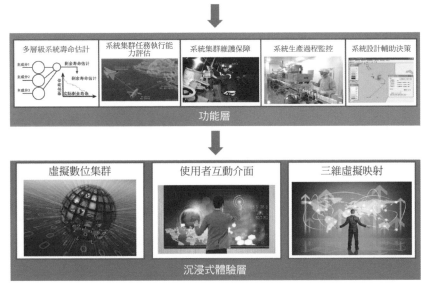

圖 2-9　數位孿生技術體系

2.2.1　資料保障層

　　資料保障層是整個數位孿生技術體系的基礎，支撐著整個上層體系的運作，其主要由高性能感測器資料獲取、高速資料傳輸和全生命週期資料管理 3 個部分構成。

　　先進感測器技術及分散式感測技術使整個數位孿生技術體系能夠獲得更加準確、充分的資料來源支撐；資料是整個數位孿生技術體系的基礎，巨量複雜系統運行資料包含用於提取和建構系統特徵的最重要資訊，與專家經驗知識相比，系統即時感測資訊更準確、更能反映系統的即時物理特性，對多運行階段系統更具適用性。作為整個體系的最前沿部分，其重要性毋庸置疑。

　　高頻寬光纖技術的採用使巨量感測器資料的傳輸不再受頻寬的限制，由於複雜工業系統的資料獲取量龐大，頻寬的擴大縮短了系統傳輸資料的時間，降低了系統延遲，保障了系統即時性，提高了數位孿生系統的即時跟隨性能。

　　分散式雲伺服器儲存技術的發展為全生命週期資料的儲存和管理提供了平台保障，高效率儲存結構和資料檢索結構為巨量歷史運行資料儲存和快速提取提供了重要保障，為基於雲儲存和雲端計算的系統體系提供了歷史資料基礎，使大數據分析和計算的資料查詢和檢索階段能夠得以快速可靠地完成。

2.2.2　建模計算層

　　建模計算層主要由建模演算法和一體化計算平台兩部分構成，建模演算法部分充分利用機器學習和人工智慧領域的技術方法實現系統資料的深

　　度特徵提取和建模，透過採用多物理、多尺度的方法對感測資料進行多層次的解析，挖掘和學習其中蘊含的相關關係、邏輯關係和主要特徵，實現對系統的超現實狀態表徵和建模，並能預測系統未來狀態和壽命，依據其當前和未來的健康狀態評估其執行任務成功的可能性。

2.2.3 功能層

功能層面向實際的系統設計、生產、使用和維護需求提供相應的功能，包括多層級系統壽命估計、系統集群執行任務能力的評估、系統集群維護保障、系統生產過程監控及系統設計輔助決策等功能。針對複雜系統在使用過程中存在的異常和退化現象，在功能層展開針對系統關鍵部件和子系統的退化建模和壽命估計工作，為系統健康狀態的管理提供指導和評估依據。對於需要協同工作的複雜系統集群，功能層為其提供協同執行任務的可執行性評估和個體自身狀態感知，輔助集群任務的執行過程決策。在對系統集群中每個個體的狀態深度感知的基礎上，可以進一步依據系統健康狀態實現基於集群的系統維護保障，節省系統的維修開支及避免人力資源的浪費，實現系統群體的批量化維修保障。

數位孿生技術體系的最終目標是實現基於系統全生命週期健康狀態的系統設計和生產過程優化改進，使系統在設計生產完成後能夠在整個使用週期內獲得良好的性能表現。

作為數位孿生體系的直接價值體現，功能層可以根據實際系統需要進行定制，在建模計算層提供的強大資訊介面的基礎上，功能層可以滿足高可靠性、高準確度、高即時性及智慧輔助決策等多個性能指標，提升產品在整個生命週期內的表現性能。

2.2.4　沉浸式體驗層

沉浸式體驗層主要是為使用者提供良好的人機互動使用環境，讓使用者能夠獲得身臨其境的技術體驗，從而迅速瞭解和掌握複雜系統的特性和功能，並能夠便捷地透過語音和肢體動作存取功能層提供的資訊，獲得分析和決策方面的資訊支援。未來的技術系統使用方式將不再僅僅侷限於聽覺和視覺，同時將整合觸摸感知、壓力感知、肢體動作感知、重力感知等多方面的資訊和感應，向使用者完全恢復真實的系統場景，並透過人工智慧的方法讓使用者瞭解和學習真實系統場景本身不能直接反映的系統屬性和特徵。

使用者透過學習和瞭解在實體物件上接觸不到或採集不到的物理量和模型分析結果，能夠獲得對系統場景更深入的理解，設計、生產、使用、維護等各個方面的靈感將被激發和驗證。

沉浸式體驗層是直接面向用戶的層級，以用戶可用性和互動友好性為主要參考指標。圖 2-10 引自 NASA 技術路線圖，以數位孿生中的技術整合為例描述了數位孿生技術的廣闊發展前景，重點解決與極端可靠性相關的技術需求，使數位孿生技術融入實際工程實踐，並不斷發展。

沉浸式體驗層透過整合多種先進技術，實現多物理、多尺度的集群仿真，利用高保真建模和仿真技術及狀態深度感知和自感知技術建構目標系統的虛擬即時任務孿生體，持續預測系統健康、剩餘使用壽命和任務執行成功率。虛擬數位集群是數位孿生體向實際工

程實踐發展的重要範例，對於滿足未來成本可控情況下的高可靠性

任務執行需求具有重要意義 [8]。

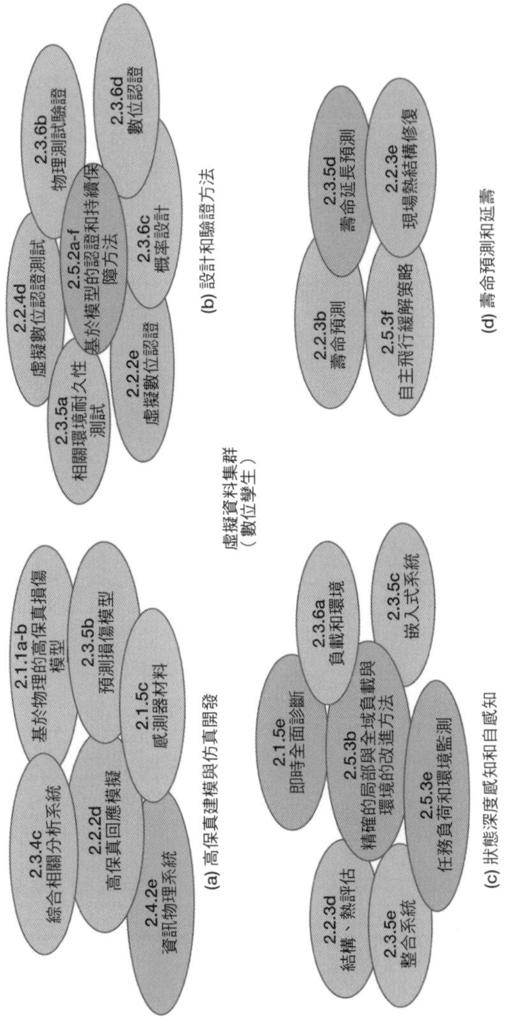

圖 2-10 數位孿生中的技術整合

8　劉大同，等：《數位孿生技術綜述與展望》，《儀器儀錶學報》2018 年第 11 期。

2.3 | 數位孿生的核心技術

數位孿生的核心技術主要體現為 6 個方面，如表 2-3 所示。

▶ 表 2-3 數位孿生的核心技術

數位孿生的核心技術	
1	多領域多尺度融合建模
2	資料驅動與物理模型融合的狀態評估
3	資料採集和傳輸
4	全壽命週期資料管理
5	VR 呈現
6	高效能計算

2.3.1 多領域、多尺度融合建模

當前，大部分建模方法是在特定領域進行模型開發和熟化，然後在後期採用整合和資料融合的方法將來自不同領域的獨立的模型融合為一個綜合的系統級模型，但這種方法的融合深度不夠且缺乏合理解釋，限制了將來自不同領域的模型進行深度融合的能力。

多領域建模是指在正常和非正常情況下從最初的概念設計階段開始實施，從不同領域、深層次的機制層面對物理系統進行跨領域的設計理解和建模。

多領域建模的難點在於，多種特性的融合會導致系統方程具有很大的自由度，同時感測器為確保基於高精度感測測量的模型動態更新，採集的資料要與實際的系統資料保持高度一致。整體來說，難點同時體現在長度、時間尺度及耦合範圍 3 個方面，克服這些難點有助於建立更加精準的數位孿生系統。

2.3.2　資料驅動與物理模型融合的狀態評估

對於機制結構複雜的數位孿生目標系統，往往難以建立精確可靠的系統級物理模型，因而單獨採用目標系統的解析物理模型對其進行狀態評估無法獲得最佳的評估效果。相比較而言，採用資料驅動的方法則能利用系統的歷史和即時運行資料，對物理模型進行更新、修正、連接和補充，充分融合系統機制特性和運行資料特性，能夠更好地結合系統的即時運行狀態，獲得動態即時跟隨目標系統狀態的評估系統。

目前將資料驅動與物理模型相融合的方法主要有以下兩種。

（1）採用解析物理模型為主，利用資料驅動的方法對解析物理模型的參數進行修正。

（2）將採用解析物理模型和採用資料驅動並行使用，最後依據兩者輸出的可靠度進行加權，得到最後的評估結果。

但以上兩種方法都缺少更深層次的融合和優化，對系統機制和資料特性的認知不夠充分，融合時應對系統特性有更深入的理解和

考慮。目前，資料與模型融合的難點在於兩者在原理層面的融合與互補，如何將高精度的感測資料統計特性與系統的機制模型合理、有效地結合起來，獲得更好的狀態評估與監測效果，是急待考慮和解決的問題。

無法有效實現物理模型與資料驅動模型的結合，還體現在現有的工業複雜系統和裝備複雜系統全生命週期狀態無法共用、全生命週期內的多源異構資料無法有效融合、現有的對數位孿生的樂觀前景大都建立在對諸如機器學習、深度學習等高複雜度及高性能的演算法基礎上。將有越來越多的工業狀態監測資料或數學模型替代難以建構的物理模型，但同時會帶來物件系統過程或機制難於刻畫、所建構的數位孿生系統表徵性能受限等問題。

因此，有效提升或融合複雜裝備或工業複雜系統前期的數位化設計及仿真、虛擬建模、過程仿真等，進一步強化考慮複雜系統構成和運行機制、訊號流程及介面耦合等因素的仿真建模，是建構數位孿生系統必須突破的瓶頸。

2.3.3 資料獲取和傳輸

高精度感測器資料的採集和快速傳輸是整個數位孿生系統的基礎，各個類型的感測器性能，包括溫度、壓力、振動等都要達到最佳狀態，以複現實體目標系統的運行狀態。感測器的分佈和感測器網路的建構以快速、安全、準確為原則，透過分散式感測器採集系

統的各類物理量資訊表徵系統的狀態。同時，建置快速可靠的資訊傳輸網路，將系統狀態資訊安全、即時地傳輸至上位機供其應用，具有十分重要的意義。

數位孿生系統是物理實體系統的即時動態超現實映射，資料的即時採集傳輸和更新對數位孿生具有至關重要的作用。大量分佈的各類型高精度感測器在整個孿生系統的前線工作，有著最基礎的感官作用。

目前，數位孿生系統資料獲取的難點在於感測器的種類、精度、可靠性、工作環境等各個方面都受到當前技術發展水準的限制，導致採集資料的方式也受到侷限。資料傳輸的關鍵在於即時性和安全性，網路傳輸設備和網路結構受限於當前的技術水準無法滿足更高級別的傳輸速率，網路安全性保障在實際應用中同樣應予以重視。

隨著感測器水準的快速提升，很多微機電系統（Micro-Electro-Mechanical System，MEMS）感測器日趨低成本化和高整合度，而如 IoT 這些高頻寬和低成本的無線傳輸等許多技術的應用推廣，能夠為獲取更多用於表徵和評價物件系統運行狀態的異常、故障、退化等複雜狀態提供前提保障，尤其對於舊有複雜裝備或工業系統，其感知能力較弱，距離建構資訊物理系統（Cyber Physical System，CPS）的智慧體系尚有較大差距。

　　許多新型的感測手段或模組可在現有物件系統體系內或相容於現有系統，建構感測器、資料獲取和資料傳輸於一體的低成本體系或平台，這也是支撐數位孿生體系的關鍵部分。

2.3.4　全生命週期資料管理

　　複雜系統的全生命週期資料儲存和管理是數位孿生系統的重要支撐。採用雲伺服器對系統的巨量執行資料進行分散式管理，實現資料的高速讀取和安全冗餘備份，為資料智慧解析演算法提供充分可靠的資料來源，對維持整個數位孿生系統的運行起著重要作用。透過儲存系統的全生命週期資料，可以為資料分析和展示提供更充分的資訊，使系統具備歷史狀態重播、結構健康退化分析及任意歷史時刻的智慧解析功能。

　　巨量的歷史運行資料還為資料探勘提供了豐富的樣本資訊，透過提取資料中的有效特徵、分析資料間的關聯關係，可以獲得很多未知但卻具有潛在利用價值的資訊，加深對系統機制和資料特性的理解和認知，實現數位孿生體的超現實屬性。隨著研究的不斷推進，全生命週期資料將持續提供可靠的資料來源和支撐。

　　全生命週期資料儲存和管理的實現需要藉助於伺服器的分散式和冗餘儲存，由於數位孿生系統對資料的即時性要求很高，如何優化資料的分佈架構、儲存方式和檢索方法，獲得即時可靠的資料讀取性能，是其應用於數位孿生系統面臨的挑戰。尤其應考慮工業企

業的資料安全及裝備領域的資訊保護，建構以安全私有雲為核心的資料中心或資料管理體系，是目前較為可行的技術解決方案。

2.3.5　VR 呈現

　　VR 技術可以將系統的製造、運行、維修狀態呈現出超現實的形式，對複雜系統的各個子系統進行多領域、多尺度的狀態監測和評估，將智慧監測和分析結果附加到系統的各個子系統、部件中，在完美複製實體系統的同時將數位分析結果以虛擬映射的方式疊加到所創造的孿生系統中，從視覺、聲覺、觸覺等各個方面提供沉浸式的虛擬實境體驗，實現即時、連續的人機互動。VR 技術能夠說明使用者透過數位孿生系統迅速地瞭解和學習目標系統的原理、構造、特性、變化趨勢、健康狀態等各種資訊，並能啟發其改進目標系統的設計和製造，為優化和創新提供靈感。透過簡單地點擊和觸摸，不同層級的系統結構和狀態會呈現在使用者面前，對於監控和指導複雜裝備的生產製造、安全運行及視情維修具有十分重要的意義，提供了比實物系統更加豐富的資訊和選擇。

　　複雜系統的 VR 技術難點在於需要大量的高精度感測器採集系統的運行資料來為 VR 技術提供必要的資料來源和支撐。同時，VR 技術本身的技術瓶頸也急待突破和提升，以提供更真實的 VR 系統體驗。

此外，在現有的工業資料分析中，往往忽視資料呈現的研究和應用，隨著日趨複雜的資料分析任務以及高維、高即時資料建模和分析需求，需要強化對資料呈現技術的關注，這是支撐建構數位孿生系統的一個重要環節。

目前很多網際網路企業都在不斷推出或升級資料呈現的空間或套裝軟體，工業資料分析可以在借鑒或借用這些資料呈現技術的基礎上，加強資料分析視覺化的性能和效果。

2.3.6 高效能計算

數位孿生系統複雜功能的實現在很大程度上依賴其背後的計算平台，即時性是衡量數位孿生系統性能的重要指標。因此，基於分散式運算的雲伺服器平台是系統的重要保障，優化資料結構、演算法結構等提高系統的任務執行速度是保障系統即時性的重要手段。如何綜合考量系統搭載的計算平台的性能、資料傳輸網路的時間延遲及雲端計算平台的計算能力，設計最佳的系統計算架構，滿足系統的即時性分析和計算要求，是應用數位孿生的重要內容。平台計算能力的高低直接決定系統的整體性能，作為整個系統的計算基礎，其重要性毋庸置疑。

　　數位孿生系統的即時性要求系統具有極高的運算效能，這有賴於計算平台的提升和計算結構的優化。但是就目前來說，系統的運算效能還受限於電腦發展水準和演算法設計優化水準，因此，應在這兩方面努力實現突破，從而更好地服務於數位孿生技術的發展。

　　高效能資料分析演算法的雲化及異構加速的計算體系（如CPU+ GPU、CPU+FPGA）在現有的雲端計算基礎上是可以考慮的，其能夠滿足工業即時場景下高效能計算的兩個方面[9]。

9　劉大同，等：《數位孿生技術綜述與展望》，《儀器儀錶學報》2018 年第 11 期。

2.4 數位孿生的創建

　　數位孿生能夠為企業帶來實際價值，創造新的收入來源，並幫助企業解決重要的戰略問題。隨著新技術能力的發展、靈活性的提升、成本的降低，企業能夠以更少的資金投入到更短的時間內創建數位孿生體並產生價值。數位孿生在產品全生命週期內有多種應用形式，能夠即時解決過去無法解決的問題，創造甚至幾年前還不敢想像的價值。企業真正的問題或許並不在於是否應該著手部署數位孿生，而在於從哪個方面開始部署，如何在最短的時間內獲得最大的價值，以及如何在競爭中脫穎而出。

2.4.1　創建數位孿生的兩個重點

　　創建數位孿生的兩個工作重點如表 2-4 所示：數位孿生流程設計與資訊要求、數位孿生概念體系架構。

▶ 表 2-4　創建數位孿生工作的兩個重點

創建數位孿生工作的兩個重點	
1	**數位孿生流程設計與資訊要求** 從資產的設計到資產在真實世界中的現場使用和維護。
2	**數位孿生概念體系架構** 創建賦能技術，整合真實資產及其數位孿生，使感測器資料與企業核心系統中的營運和交易資訊實現即時流動。

❶ 數位孿生流程設計與資訊要求

　　創建數位孿生，要先進行流程設計：使用標準的流程設計技術來展示業務流程、流程管理人員、業務應用程式、資訊及物理資產之間如何進行互動，創建相關圖表，連接生產流程與應用程式、資料需求及創建數位孿生所需的感測器資訊類型。流程設計將透過多種特性獲得增強，提升成本、時間和資產效益，這些構成了數位孿生的基礎，數位孿生的增強效能也於此開始。

❷ 數位孿生概念體系架構

　　透過創建賦能技術，整合真實資產及其數位孿生，感測器資料與企業核心系統中的營運和交易資訊實現即時流動。數位孿生概念體系架構可分為易於理解的六大步驟（見圖 2-11）。

（1）創建。創建步驟包括為物理過程配備大量感測器，以檢測獲取物理過程及其環境的關鍵資料。感測器檢測到的資料經編碼器轉換為受保護的數位資訊，並傳輸至數位孿生系統。感測器的訊號可利用製造執行系統、企業資源規劃系統、CAD 模型及供應鏈系統的流程導向型資訊進行增強，為數位孿生系統提供大量持續更新的資料用以分析。

（2）傳輸。網路傳輸是促使數位孿生成長為現實的重大變革之一，有助於現實流程和數位平台之間進行無縫、即時的雙向整合 /互連。傳輸包含了以下三大組成部分。

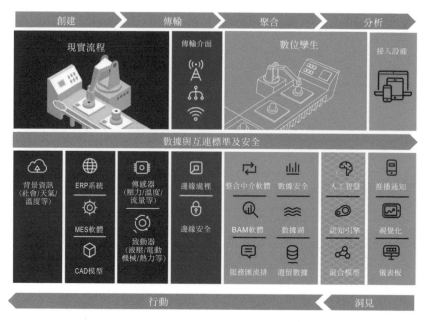

圖 2-11　數位孿生概念體系架構[10]

一是邊緣處理。邊緣介面連接感測器和歷史流程資料庫，在近源處處理其發出的訊號和資料，並將資料傳輸至平台。這有助於將專有協定轉換為更易於理解的資料格式，並減少網路傳輸量。

二是傳輸介面。傳輸介面將感測器獲取的資訊轉移至整合職能。

三是邊緣安全。最常用的安全措施包括採用防火牆、應用程式金鑰、加密及設備證書等。

10　德勤：《製造業如虎添翼：工業 4.0 與數位孿生》，融合論壇，2018。

（3）聚合。聚合步驟支援將獲得的資料存入資料儲存庫中，進行處理以備用於分析。資料聚合及處理均可在現場或雲端完成。

（4）分析。在分析步驟中，將資料進行分析並作視覺化處理。資料科學家和分析人員可利用先進的資料分析平台和技術開發迭代模型發掘洞見、提出建議，並引導決策過程。

（5）洞見。在洞見步驟中，透過分析工具發掘的洞見將透過儀錶板中的視覺化圖表列示，用一個或更多的維度突顯出數位孿生模型和物理世界模擬物性能中不可接受的差異，標明可能需要調查或更換的區域。

（6）行動。行動步驟是指前面幾個步驟形成的可執行洞見回饋至物理資產和數位流程，實現數位孿生的作用。洞見經過解碼後，進入物理資產流程上負責移動或控制機制的致動器，或在管控供應鏈和訂單行為的後端系統中更新，這些均可進行人工干預，從而完成了物理世界與數位孿生之間閉環連接的最後一環。

需要注意的是，上述概念體系架構的設計應具備分析、處理、感測器數量和資訊等各個方面的靈活性和可擴展性。這樣，該架構便能在不斷變化甚至指數級變化的市場環境中快速發展。

2.4.2　如何部署創建數位孿生

在打造數位孿生流程的過程中，一個最大的挑戰在於確定數位孿生模型的最佳方案。過於簡單的模型無法實現數位孿生的預期價

值，但是如果過於追求速度與廣泛的覆蓋面，則必將迷失在巨量感測器、感測訊號及建構模型必需的各種技術之中。因此，過於簡單或過於複雜的模型都將讓企業裹足不前，如圖 2-12 所示是一個複雜程度適中的數位孿生初步部署模型示意圖。

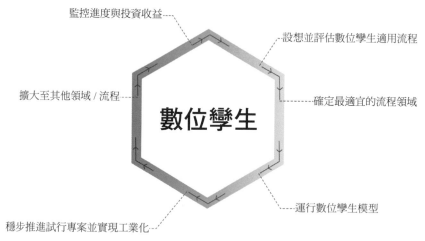

圖 2-12　複雜程度適中的數位孿生初步部署模型示意圖 [11]

❶ 設想可能性

設想並選出數位孿生可產生收益的系列方案。雖然不同的企業或在不同的環境下，適用方案會有所不同，但通常都具備以下兩大重要特點。

11　德勤：《製造業如虎添翼：工業 4.0 與數位孿生》，融合論壇，2018。

一是所設想的產品或生產流程對企業彌足珍貴，因此投資創建數位孿生體是萬分必要的。

二是存在一些尚不明確的未知流程或產品問題，而這些有望為客戶或企業創造價值。

❷ 方案評估

在方案選定後對每個方案進行評估，從而確定可運用數位孿生快速獲得收效的流程。建議集中召開構思會議，由營運、業務及技術領導層成員共同推進評估過程。

❸ 確定流程

確定潛在價值最高且成功概率最大的數位孿生試用模型。綜合考慮營運、商業、組織變革管理因素，以打造最佳的試運行方案。與此同時，重點關注有望擴大設備、選址或技術規模的領域。

❹ 試運行專案

透過敏捷迭代週期，將專案迅速投入試行以加速學習進程，並透過有效管理風險實現投資收益的最大化。推進試行專案的過程中，實施團隊應隨時強調適應性與開放式思維，打造一個未知的開放式生態系統，而該系統可順時應勢整合新資料，並接納新的技術與合作夥伴。

❺ 實現流程工業化

在試運行專案有所斬獲後，可立即運用現有工具、技術與腳本，將數位孿生開發與部署流程工業化。這個過程包括對企業各種零散的實施過程進行整合，實施資料湖，提升績效與生產率，改善治理並將資料標準化，推進組織結構的變革，從而為數位孿生提供支援。

❻ 擴大數位孿生規模

成功實現工業化後，應重點把握機會擴大數位孿生規模。目標應當鎖定相近流程及與試運行專案相關的流程。借鑒專案試運行經驗，採用試運行期間使用的工具、技術及腳本，快速擴大規模。

❼ 監控與檢測

對解決方案進行監控，客觀檢測數位孿生所創造的價值；確定迴圈週期內是否可產生切實收益，提升生產率、品質、利用率，降低偶發事件及成本；反復偵錯數位孿生流程，觀察結果，以確定最佳配置方案。

更為重要的是，與傳統專案不同，數位孿生並不會在有所收效後就戛然而止。企業若要長期在市場佔據獨特優勢，應不斷在新的業務領域進行嘗試。

　　總而言之，能否在數位孿生創建之初收穫成功，取決於是否有能力制定並推進數位孿生計畫，同時確保其持續協助企業提升價值。為了實現這一個目標，企業須將數位化技術與數位孿生滲透至整個組織結構，包括研發與銷售，並運用數位孿生改變企業的業務模式及決策過程，從而源源不斷地為企業開創新的收入來源[12]。

12　德勤中國：如何創建數位孿生，https://www2.deloitte.com/cn/zh/pages/consumer—industrial—products/articles/industry—4—0—and—the—digital—twin.html。

Note

隨著智慧製造的發展，數位孿生一詞的曝光率大為增加，並且已成為實現工業 4.0 的進程中極為重要的技術要素（見圖 3-1）。

圖 3-1 數位孿生助力智慧製造

3.1 | 產品數位孿生體

3.1.1 產品數位孿生體的定義

綜合考慮已有的產品數位孿生體的演化過程和相關解釋，得出產品數位孿生體的定義：產品數位孿生體是指產品物理實體的工作狀態和工作進展在資訊空間的全要素重建及數位化映射，是一個整合的多物理、多尺度、超寫實、動態概率仿真模型，可用來模擬、監控、診斷、預測、控制產品物理實體在現實環境中的形成過程、狀態和行為。產品數位孿生體基於產品設計階段產生的產品模型，並在隨後的產品製造和產品服務階段，透過與產品物理實體之間的資料和資訊互動，不斷提高自身的完整性和精確度，最終完成對產品物理實體的完全和精確的數位化描述。一些學者也將數位孿生體翻譯為數位鏡像、數位映射、數位孿生、數位雙胞胎等。

透過產品數位孿生體的定義可以看出其內涵（見表 3-1）。

▶ 表 3-1　產品數位孿生體的內涵

產品數位孿生體的內涵	
1	產品數位孿生體是產品物理實體在資訊空間中整合的仿真模型，是產品物理實體的全生命週期數位化檔案，並實現產品全生命週期資料和全價值鏈資料的統一整合管理。
2	產品數位孿生體是透過與產品物理實體之間不斷進行資料和資訊互動而完善的。
3	產品數位孿生體的最終表現形式是產品物理實體的完整和精確數位化描述。
4	產品數位孿生體可用來模擬、監控、診斷、預測和控制產品物理實體在現實物理環境中的形成過程和狀態。

　　產品數位孿生體遠遠超出了數位樣機（或虛擬樣機）和數位化產品定義的範疇。產品數位孿生體不僅包含對產品的幾何、功能和性能方面的描述，還包含對產品製造或維護過程等其他全生命週期的形成過程和狀態的描述。數位樣機（或虛擬樣機）是指對機械產品整機或具有獨立功能的子系統的數位化描述，其不僅反映了產品的幾何屬性，還至少在某一領域反映了產品的功能和性能。數位樣機（或虛擬樣機）形成於產品設計階段，可應用於產品的全生命週期中，包括工程設計、製造、裝配、檢驗、銷售、使用、售後及回收等環節。

　　相比而言，數位化產品是指對機械產品功能、性能和物理特性等進行數位化描述的活動。從數位樣機（或虛擬樣機）和數位化產品的內涵看，其主要側重對產品設計階段的幾何、功能和性能方面

的描述，沒有涉及對產品製造或維護過程等其他全生命週期階段的
形成過程和狀態的描述 [13]。

3.1.2 產品數位孿生體的 4 個基本功能（見圖 3-2）

產品數位孿生體的基本功能是模型映射、監控與操縱、診斷、
預測。數位孿生的層次越高，對其功能的要求也就越高。

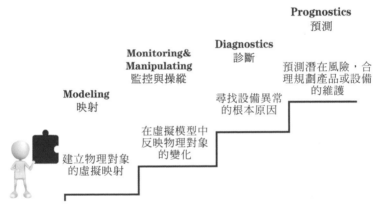

圖 3-2 產品數位孿生體的 4 個基本功能

❶ 模型映射

模型映射就是建立物理物件的虛擬映射。模型映射是數位孿生
技術的最低層次，主要表現為建立實體模型的三維模型，並運用裝

---

13 莊存波，等：《產品數位孿生體的內涵、體系結構及其發展趨勢》，《電腦整合製造系統》2017 年第 23 期。

配、動畫等方式模擬零部件的運動方式。例如，透過建立數位三維模型，我們可以看到汽車在運行過程中發動機內部的每一個零部件、線路、接頭等各個方面的數位化的變化，從而實現對產品的預防性維護（見圖3-3）。

圖 3-3　汽車零部件裝配映射

❷　監控與操縱

　　監控與操縱是指在虛擬模型中反映物理物件的變化。利用數位孿生可以實現對設備的監控和操作，把實體模型和虛擬模型連接在一起，透過虛擬模型反映物理物件的變化。例如，未來工廠中每個設備都擁有一個數位孿生體，透過它，我們可以精確地瞭解這些實體設備的運行方式（見圖 3-4）。透過數位模型與實體設備的無縫匹配，可以即時獲取設備監控系統的運行資料，從而實現故障預判和及時維修。

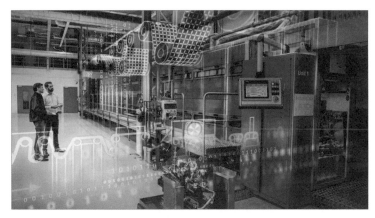

圖 3-4　工廠運行狀態的監控與操縱

　　監控只是數位孿生技術的初級應用，控制才是最終級的應用場景。透過數位模型，我們在未來可以實現設備的遠端操控，而「遠端輔助」「遠端操作」「遠端緊急命令」都將成為企業日常管理的常用詞彙（見圖 3-5）。

圖 3-5　透過數位模型實現設備的遠端操控

❸ 診斷

透過數位孿生可以尋找設備發生異常的根本原因。監控與診斷／預測的區別在於監控允許調整控制輸入，並獲得系統回應，但在過程中無法改變系統自身的設計，而診斷／預測允許調整設計輸入。

例如，中仿科技有限公司開發了一款車輛駕駛性評價系統。在車輛行駛測試中，系統會透過在車輛上安裝的感測器感知車上的各種訊號，並根據這些訊號在仿真模型裡打分，根據分值來判斷車輛行駛過程中的舒適度（見圖 3-6）。透過這種客觀的評價方式，避免了因不同人的主觀感受不同所造成的評價差異。

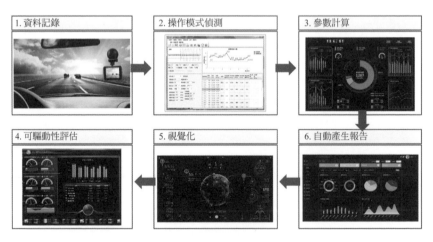

圖 3-6　車輛駕駛性的診斷

❹ 預測

　　預測位於數位孿生技術的最高層級，可以幫助企業預測潛在風險，合理規劃產品或用於設備的維護。目前，各大企業在產品的預測性維修及維護方面都實現了大量應用。例如，奇異公司為每個引擎、每個渦輪、每台核磁共振創造一個數位孿生體，透過這些擬真的數位化模型在虛擬空間進行偵錯、試驗。要讓機器效率達到最高，只需將最佳方案應用於實體模型上（見圖 3-7）。透過數位孿生技術，企業可以合理規劃產品，避免浪費大量的實體驗證時間及成本。

圖 3-7　奇異公司藉助數位孿生優化機器效率 [14]

14　e-works：《Digital Twin 的主要作用及應用場景》，http://articles.e-works.net.cn/plmoverview/Article139176_1.htm。

3.1.3　產品數位孿生體的基本特性

產品數位孿生體的主要特性如表 3-2 所示。

▶ 表 3-2　產品數位孿生體的主要特性

產品數位孿生體的內涵
虛擬性　唯一性　多物理性　多尺度性　層次性　整合性
動態性　超寫實性　可計算性　概率性　多學科性

❶ 虛擬性

產品數位孿生體是實體產品在資訊空間的一個虛擬的、數位化的映射模型，它屬於資訊空間（或虛擬空間），而不屬於物理空間。

❷ 唯一性

一個物理產品對應一個產品數位孿生體。

❸ 多物理性

產品數位孿生體是基於物理特性的實體產品數位化映射模型，不僅需要描述實體產品的幾何特性（如形狀、尺寸、公差等），還需要描述實體產品的多種物理特性（結構動力學模型、熱力學模型、應力分析模型、疲勞損傷模型及產品組成材料的剛度、強度、硬度等材料特性）。

❹ 多尺度性

產品數位孿生體不僅能描述實體產品的宏觀特性（如幾何尺寸），也能描述實體產品的微觀特性（如材料的微觀結構、表面粗糙度等）。

❺ 層次性

組成最終產品的不同元件、部件、零件等都可以具有其對應的數位孿生體。例如，飛行器數位孿生體包括機架數位孿生體、飛行控制系統數位孿生體、推進控制系統數位孿生體等，而這些有利於產品資料和產品模型的層次化和精細化管理，以及產品數位孿生體的逐步實現。

❻ 整合性

產品數位孿生體是多種物理結構模型、幾何模型、材料模型等各個方面的多尺度、多層次整合模型，有利於從整體上對產品的結構特性和力學特性進行快速仿真與分析。

❼ 動態性

產品數位孿生體在全生命週期各階段會透過與產品實體的不斷互動而得到不斷改變和完善。例如，在產品製造階段採集的產品製造資料（如檢測資料、進度資料）會反映在虛擬空間的數位孿生體中，實現對產品製造狀態和過程的即時、動態和視覺化監控。

⑧ 超寫實性

產品數位孿生體與其映射的物理產品在外觀、內容、性質上基本完全一致，擬實度高，能夠準確反映物理產品的真實狀態。

⑨ 可計算性

基於產品數位孿生體，可以透過仿真、計算和分析來即時模擬和反映對應物理產品的狀態和行為。

⑩ 概率性

產品數位孿生體允許採用概率統計的方式進行計算和仿真。

⑪ 多學科性

產品數位孿生體具有多學科性，涉及計算科學、資訊科學、機械工程、電子科學、物理等多個學科的交叉和融合。

3.1.4　產品數位孿生體的核心位置

❶ 產品全生命週期和全價值鏈的資料中心

產品數位孿生體以產品為載體，涉及產品全生命週期的從概念設計貫通到詳細設計、工藝設計、製造，以及後續的使用、維護和報廢 / 回收等各個階段。

一方面，產品數位孿生體是產品全生命週期的資料中心，其本質的提升是實現了單一資料來源和全生命週期各階段的資訊貫通。

另一方面，產品數位孿生體是全價值鏈的資料中心，其本質的提升不僅在於共用資訊而且在於全價值鏈的無縫協同。如跨區域、跨時區廠商協同設計和開發，與上下游進行裝配的仿真，在客戶的虛擬使用環境中進行產品測試和改進等。

❷ 產品全生命週期管理的擴展和延伸

產品全生命週期管理強調透過產品物料清單（Bill of Material，BOM），包括設計 BOM、工藝 BOM、製造 BOM、銷售 BOM 等及彼此之間的關聯實現對產品的管理。

而產品數位孿生體不僅強調透過單一產品模型貫通產品全生命週期各階段的資訊，還為產品開發、產品製造、產品使用和維護、工程更改及協同合作廠商提供單一資料來源。另外，產品數位孿生體將產品製造和產品服務各方面的資料與產品模型相關聯，使企業不僅可以更加高效地利用產品資料來優化和改進產品的設計，同時還可以利用產品數位孿生體來預測和控制產品實體在現實環境中的形成過程及狀態，從而真正形成全價值鏈資料的統一管理和有效利用。因此，產品數位孿生體可以說是對產品全生命週期管理的擴展和延伸。

❸ 面向製造與裝配的產品設計模式的演化和擴展

傳統的面向製造與裝配的設計模式（Design for Manufacture and Assembly，DFM&A）透過採用設計和工藝一體化，在設計過程中將製造過程的各種要求和約束（包括加工能力、經濟精度、工序能力等）融合至設計建模過程中，採用有效的建模和分析手段，從而保證設計結果與製造的方便和經濟。產品數位孿生體同樣支援在產品設計階段就透過建模、仿真及優化手段來分析產品的可製造性，同時支援產品性能和產品功能的測試與驗證，並透過產品歷史資料、產品實際製造資料和使用維護資料等來優化和改進產品的設計。其目標之一就是面向產品全生命週期的產品設計，是面向製造與裝配的產品設計模式的一種演化和擴展。

❹ 產品建模、仿真與優化技術的下一次浪潮

在過去的幾十年間，仿真技術一直被片面地作為一個電腦工具被工程師用來解決特定的設計和工程問題。美國在「2010 年及其以後的美國國防製造業」計畫中，將基於建模和仿真的設計工具列為優先發展的四種重點能力之一。近年來，隨著基於模型的系統工程（Model-based System Engineering，MBSE）的出現和發展，產品建模與仿真技術獲得了新的發展，其核心概念是「透過仿真進行交流」。目前，仿真技術仍然被認為是產品開發部門的一個工具。

　　隨著產品數位孿生體的出現和發展，仿真技術將作為一個核心的產品／系統功能應用到隨後的生命週期階段（如在實體產品之前完成交付、仿真驅動輔助的產品使用支援等）。而產品數位孿生體則能夠促進建模、仿真與優化技術無縫整合到產品全生命週期中的各個階段（如透過與產品使用資料的直接關聯來支援產品的使用和服務等），使產品建模、仿真與優化技術得到進一步發展。

❺　強調以虛控實、虛實融合

　　產品數位孿生體的基本功能就是反映／鏡像對應產品實體的真實狀態和真實行為，達到以虛控實、虛實融合的目的。一方面，產品數位孿生體根據實體空間傳來的資料進行自身資料完善、融合和模型建構；另一方面，透過展示、統計、分析與處理這些資料實現對實體產品及其周圍環境的即時監控和控制。

　　值得指出的是，虛實深度融合是實現以虛控實的前提條件。產品實體的生產是基於虛擬空間的產品模型定義，而虛擬空間產品模型的不斷演化及決策的產生都是基於在實體空間採集並傳遞而來的資料展開的。

3.2 | 數位孿生體與生命週期管理

3.2.1 數位孿生體的體系結構

目前，國內外對產品數位孿生體的系統性研究成果較少。以下從產品全生命週期的角度分析了產品數位孿生體的資料組成、實現方式、作用及目標，提出了一種產品數位孿生體的體系結構，如圖 3-8 所示。

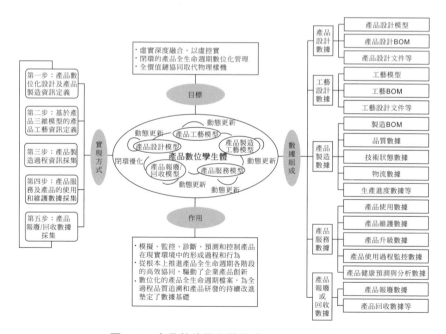

圖 3-8　產品數位孿生體的體系結構示意圖

3.2.2 數位孿生體在生命週期各階段的表現形態

❶ 產品設計階段

在產品的設計階段，利用數位孿生可以提高設計的準確性，並驗證產品在真實環境中的性能。這個階段的數位孿生體主要包括以下兩個功能。

（1）數位模型設計。建構一個全三維標註的產品模型，包括「三維設計模型 + 產品製造資訊（Product Manufacturing Information，PMI）+ 關聯屬性」等。具體來說就是 PMI 包括了物理產品的幾何尺寸、公差，以及三維注釋、表面粗糙度、表面處理方法、焊接符號、技術要求、工藝注釋及材料明細表等，關聯屬性包括零件號、坐標系統、材料、版本、日期等。

（2）模擬和仿真。透過一系列可重複、可變參數、可加速的仿真實驗，驗證產品在不同外部環境下的性能和表現，在設計階段就能驗證產品的適應性。

例如，在汽車設計過程中，由於對節能減排的要求，達梭幫助包括寶馬、特斯拉、豐田在內的汽車公司利用其 CAD 和 CAE 平台 3D Experience，準確進行空氣動力學、流體聲學等方面的分析和仿真，在外形設計方面透過資料分析和仿真，大幅度提升產品流線性，減少了空氣阻力（見圖 3-9）。

物理資產　　　　　　　　虛擬樣機

圖 3-9　數位孿生在產品設計階段的應用

❷ 工藝設計階段

在「三維設計模型 + PMI + 關聯屬性」的基礎上，實現基於三維產品模型的工藝設計。具體的實現步驟包括三維設計模型轉換、三維工藝過程建模、結構化工藝設計、基於三維模型的工裝設計、三維工藝仿真驗證及標準庫的建立，最終形成基於數學模型的工藝規程（Model Based Instructions，MBI），具體包括工藝 BOM、三維工藝仿真動畫、關聯的工藝文字資訊和文件 [15]。

❸ 生產製造階段

在生產製造階段，主要實現產品檔案（Product Memory）或產品資料包（Product Data Package），即製造資訊的採集和全要素重建，

15　莊存波，等：《產品數位孿生體的內涵、體系結構及其發展趨勢》，《電腦整合製造系統》2017 年第 23 期。

包含製造 BOM（Manufacture BOM，MBOM）、品質數據、技術狀態資料、物流資料、產品檢測資料、生產進度資料、逆向過程資料等的採集和重建，主要包括如表 3-3 所示的三個功能。

▶ 表 3-3　數位孿生體在生產製造階段的三個功能

數位孿生體在生產製造階段的功能
1　生產過程仿真
2　數位化產線
3　關鍵指標監控和過程能力評估

（1）生產過程仿真。在產品生產之前就可以透過虛擬生產的方式來模擬在不同產品、不同參數、不同外部條件下的生產過程，實現對產能、效率及可能出現的生產瓶頸等問題的提前預判，加速新產品導入過程的準確性和快速化。

（2）數位化生產線。將生產階段的各種要素，如原材料、設備、工藝配方和工序要求，透過數位化的手段整合在一個緊密協作的生產過程中，並根據既定的規則自動完成在不同條件組合下的操作，實現自動化的生產過程。同時，記錄生產過程中的各類資料，為後續的分析和優化提供可靠的依據。

（3）關鍵指標監控和過程能力評估。透過採集生產線上的各種生產設備的即時運行資料，實現全部生產過程的視覺化監控，並且透過經驗或機器學習建立關鍵設備參數、檢驗指標的監控策略，對出現違背策略的異常情況進行及時處理和調整，實現穩定並不斷得到優化的生產過程。

例如，相關科技公司為蓋板電子玻璃生產線建構的線上品質監控體系，充分採集了冷端和熱端的設備產生的資料，並透過機器學習獲得流程生產過程中關鍵指標的最佳規格，設定相應的 SPC 監控告警策略，並透過相關性分析，在幾萬個資料獲取點中實現對特定的品質異常現象的診斷分析。

❹ 產品服務階段

隨著物聯網技術的成熟和感測器成本的下降，從大型裝備到消費級的很多工業產品，都使用了大量的感測器來採集產品運行階段的環境和工作狀態，並透過資料分析和優化來減少甚至避免產品的故障，改善使用者對產品的使用體驗。在這個階段中，數位孿生體可以實現如表 3-4 所示的三個功能。

▶ 表 3-4　數位孿生體在產品服務階段的三個功能

數位孿生體在產品服務階段的功能	
1	遠端監控和預測性維修
2	優化客戶的生產指標
3	產品使用反饋

（1）遠端監控和預測性維修。

透過讀取智慧工業產品的感測器或者控制系統的各種即時參數，建構視覺化的遠端監控，並根據採集的歷史資料建構層次化的部件、子系統乃至整個設備的健康指標體系，使用人工智慧實現趨勢預測。

基於預測結果，對維修策略、備品 / 備件的管理策略進行優化，降低和避免客戶因為非計畫停機帶來的損失和矛盾。

（2）優化客戶的生產指標。

對於需要依賴工業裝備來實現生產的客戶而言，工業裝備參數設置的合理性及在不同生產條件下的適應性決定了客戶產品的品質等級和交付週期的長短。

工業裝備廠商可以透過採集巨量資料，建構針對不同應用場景、生產過程的經驗模型，說明客戶優化參數配置，改善客戶的產品品質和生產效率。

（3）產品使用回饋。

透過採集智慧工業產品的即時運行資料，工業裝備廠商可以洞悉客戶對產品的真實需求，不僅能夠說明客戶縮短新產品的導入週期、避免產品錯誤使用導致的故障、提高產品參數配置的準確性，更能夠精確把握客戶的需求，從而避免研發決策失誤。

例如，寄雲科技為石油鑽井設備提供的預測性維修和故障輔助診斷系統，不僅能夠即時採集鑽機不同的關鍵子系統，如發電機、泥漿泵、絞車、頂驅的各種關鍵指標資料，更能夠根據歷史資料的發展趨勢對關鍵部件的性能進行評估，並根據部件性能預測的結果，調整和優化維修策略。同時，還能夠根據對鑽機即時狀態的分析對其效率進行評估和優化，能夠有效提高鑽井的投入產出比。如圖 3-10 所示為數位孿生體在產品服務階段的應用。

❺ 產品報廢／回收階段

此階段主要記錄產品的報廢／回收資料，包括產品報廢／回收原因、產品報廢／回收時間、產品實際壽命等。當產品報廢／回收後，該產品數位孿生體所包括的所有模型和資料都將成為同種類型產品組歷史資料的一部分進行歸檔，為下一代產品的設計改進和創新、同類型產品的品質分析及預測、基於物理的產品仿真模型和分析模型的優化等提供資料支援。

虛擬原型

產品數位孿生體

產品數位孿生體

產品數位孿生體

產品數位孿生體

圖 3-10　數位孿生體在產品服務階段的應用

將上述的五個階段進行綜合，可以發現產品數位孿生體的實現方法有如表 3-5 所示的三個特點。

▶ 表 3-5　產品數位孿生體實現方法的三個特點

產品數位孿生體實現方法的 3 個特點	
1	面向產品全生命週期，採用單一資料源實現物理空間和資訊空間的雙向連接。
2	產品檔案要能夠實現所有件都可以追溯（例如實做物料），也要能夠實現品質資料（例如實測尺寸、實測加工／裝配誤差、實測變形）、技術狀態（例如技術指標實測值、實做工藝等）的追溯。
3	產品製造完成後的服務階段，仍要實現與物理產品的互連互通，從而實現對物理產品的監控、追蹤、行為預測及控制、健康預測與管理等，最終形成一個閉環的產品全生命週期資料管理。

3.2.3 數位孿生體在生命週期各階段的實施途徑

❶ 產品設計階段

作為物理產品在虛擬空間中的超寫實動態模型，為了實現產品數位孿生體，首先要有一種便於理解的、準確、高效，以及能夠支援產品設計、工藝設計、加工、裝配、使用和維修等產品全生命週期各個階段的資料定義和傳遞的數位化表達方法。近年來興起的數位產品定義（Model Based Definition，MBD）技術是解決這一難題的有效途徑，因此成為實現產品數位孿生體的重要手段之一。

MBD 是使用三維實體模型及其關聯資料來為產品進行定義的方法論。這些資料的集合也被稱為三維數位化資料集，包括整體尺寸、幾何尺寸和公差、元件材料、特徵和幾何關係連結、輪廓外形、設計意圖、物料清單和其他細節。MBD 技術使產品的定義資料能夠驅動整個製造過程下游的各個環節，充分體現了產品的並行協同設計理念和單一資料來源思想，這正是數位孿生體的本質之一。如圖 3-11 所示為 MBD 模型內容結構。

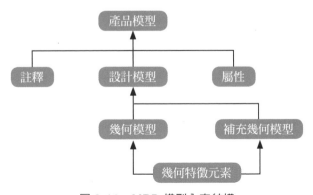

圖 3-11　MBD 模型內容結構

MBD 模型主要包括以下兩類資料。

一是幾何資訊，即產品的設計模型；

二是非幾何資訊，存放於規範樹中，與三維設計軟體配套的 PDM 軟體一起負責儲存和管理該資料。

最後，在實現基於三維模型的產品定義後，需要基於 MBD 模型進行工藝設計、工裝設計、生產製造過程，甚至產品功能測試與驗證過程的仿真和優化。

為了確保仿真及優化結果的準確性，至少需要保證如表 3-6 所示的三個關鍵。

▶ 表 3-6　確保仿真及優化結果的準確性的三個關鍵

確保仿真及優化結果的準確性的 3 個關鍵	
1	產品虛擬模型的高精確度 / 超寫實性
2	仿真的準確性和即時性
3	模型輕量化技術

（1）產品虛擬模型的高精確度／超寫實性。

產品的建模不僅需要關注產品的幾何特徵資訊（形狀、尺寸和公差），還需要關注產品的物理特性（如應力分析模型、動力學模型、熱力學模型及材料的剛度、塑性、柔性、彈性、疲勞強度等）。透過使用人工智慧、機器學習等方法，基於同類產品組

的歷史資料實現對現有模型的不斷優化，使產品虛擬模型更接近於現實世界物理產品的功能和特性。

（2）仿真的準確性和即時性。

可以採用先進的仿真平台和仿真軟體，例如仿真商務軟體 ANSYS 和 Abaqus 等。

（3）模型輕量化技術。

模型輕量化技術是實現產品數位孿生體的關鍵技術：

首先，模型輕量化技術大幅降低了模型的儲存大小，使產品工藝設計和仿真所需要的幾何資訊、特徵資訊和屬性資訊可以直接從三維模型中提取，而不需要附帶其他不必要的冗餘資訊。

其次，模型輕量化技術使產品視覺化仿真、複雜系統仿真、生產線仿真及基於即時資料的產品仿真成為可能。

最後，輕量化的模型降低了系統之間的資訊傳輸時間、成本和速度，促進了價值鏈「端到端」的整合、供應鏈上下游企業間的資訊共用、業務流程整合及產品協同設計與開發。

❷ 產品製造階段

產品數位孿生體的演化和完善是透過與產品實體的不斷互動展開的。在產品的生產製造階段，物理現實世界將產品的生產實測資料（如檢測資料、進度資料、物流資料）傳遞至虛擬世界中的虛擬

產品並即時展示，實現基於產品模型的生產實測資料監控和生產過程監控（包括設計值與實測值的比對、實際使用物料特性與設計物料特性的比對、計畫完成進度與實際完成進度的比對等）。另外，基於生產實測資料，透過物流的進度等智慧化的預測與分析，實現品質、製造資源、生產進度的預測與分析；智慧決策模組根據預測與分析的結果制定相應的解決方案並回饋給實體產品，從而實現對實體產品的動態控制與優化，達到虛實融合、以虛控實的目的。

因此，如何實現複雜動態的實體空間的多源異構資料即時準確採集、有效資訊提取與可靠傳輸是實現產品數位孿生體的前提條件。近幾年，物聯網、無線感測網路、工業網際網路、語義分析與識別等技術的快速發展為此提供了一套切實可行的解決方案。另外，人工智慧、機器學習、資料探勘、高效能計算等技術的快速發展，為此提供了重要的技術支援。下面以裝配過程為例，建立了如圖 3-12 所示的面向製造過程的數位孿生體實施框架。鑒於裝配生產線是實現產品裝配的載體，該架構同時考慮了產品數位孿生體和裝配生產線數位孿生體。

❸ 產品服務階段

在此階段仍然需要對產品的狀態進行即時追蹤和監控，包括產品的物理空間位置、外部環境、品質狀況、使用狀況、技術和功能狀態等，並根據產品實際狀態、即時資料、使用和維護記錄資料對產品的健康狀況、壽命、功能和性能進行預測與分析，並對產品品

質問題提前預警。同時，當產品出現故障和品質問題時，能夠實現產品物理位置的快速定位、故障和品質問題記錄及原因分析、零部件更換、產品維護、產品升級甚至報廢、退役等。

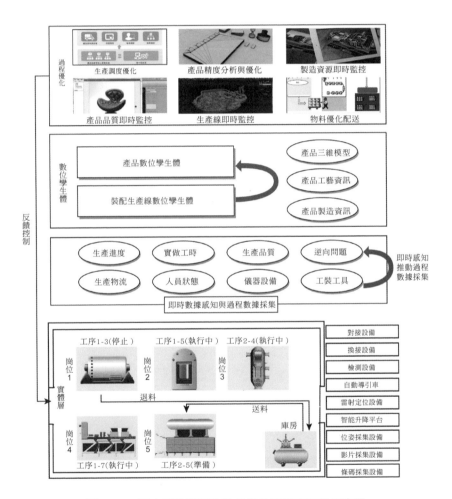

圖 3-12　面向製造過程的數位孿生體實施框架示意圖

　　一方面，在物理空間採用物聯網、感測技術、移動互連技術將與物理產品相關的實測資料（如最新的感測資料、位置資料、外部環境感知資料等）、產品使用資料和維護資料等關聯映射至虛擬空間的產品數位孿生體。另一方面，在虛擬空間採用模型視覺化技術實現對物理產品使用過程的即時監控，並結合歷史使用資料、歷史維護資料、同類型產品相關歷史資料等，採用動態貝氏、機器學習等資料探勘方法和優化演算法，實現對產品模型、結構分析模型、熱力學模型、產品故障和壽命預測與分析模型的持續優化，使產品數位孿生體和預測分析模型更加精確、仿真預測結果更加符合實際情況。對於已發生故障和品質問題的物理產品，採用追溯技術、仿真技術實現品質問題的快速定位、原因分析、解決方案產生及可行性驗證等，最後將產生的最終結果回饋給物理空間，指導產品品質排故和追溯等。與產品製造過程類似，產品服務過程中數位孿生體的實施框架主要包括物理空間的資料獲取、虛擬空間的數位孿生體演化及基於數位孿生體的狀態監控和優化控制 [16]。

16　莊存波，等：《產品數位孿生體的內涵、體系結構及其發展趨勢》，《電腦整合製造系統》2017 年第 23 期。

3.3 | 大型軟體製造商對數位孿生的理解

隨著物聯網技術、人工智慧和虛擬實境技術的不斷發展，數位孿生被廣泛應用於製造業領域，國際資料公司（IDC）表示，現今有40% 的大型軟體製造商都會應用虛擬仿真技術為生產過程建模，數位孿生已成為製造企業邁向工業 4.0 的解決方案。

自數位孿生概念誕生以來，如何準確地翻譯這個詞彙，成了業界關注的焦點內容之一。各大軟體製造品牌商也提出了各自對於數位孿生的理解，並將其與自身業務融合，致力於打造出現實世界與虛擬世界融合的解決方案。

3.3.1 西門子（見圖 3-13）

SIEMENS

圖 3-13 西門子 LOGO

2016 年，西門子收購了全球工程仿真軟體供應商 CD-adapco，軟體解決方案涵蓋流體力學（Computational Fluid Dynamics，CFD）、固體力學（Compatibility support Module，CSM）、熱傳遞、顆粒動力學、進料流、電化學、聲學及流變學等廣泛的工程學科。西門子引用數位孿生來形容貫穿於產品全生命週期各環節間一致的資料模型。

西門子對數位孿生概念有獨到的理解：

（1）西門子工業軟體大中華區 DER 總經理戚鋒博士說：「要發現潛在問題、激發創新思維、不斷追求優化進步，這才是數位孿生的目標所在。」他表示，數位孿生的實現有兩個必要條件，即一套整合的軟體工具和三維形式表現。

（2）西門子數位化工廠集團首席執行官 JanMrosik 博士則表示，數位孿生就是仿真模擬一些工廠的實際操作空間（如生產線），仿真得非常真實而精確，「它可清晰地告訴我們，最終這個系統是否在現實當中能承受各種條件，取得成功」。

（3）西門子數位化工廠集團工業軟體全球資深副總裁兼大中華區董事總經理梁乃明先生認為，製造業變革歸根結底要回歸基礎，即保證 速度、靈活性、效率、品質和安全，而實現這一切的關鍵驅動力是透過「數位化雙胞胎」實現虛擬世界與物理世界的融合，西門子的「數位孿生」則是從產品設計到生產線設計、OEM 的機械設計、工廠的生產排程規劃，再到製造執行，以及最後的產品大數據對產品、工廠、工廠雲、產品雲的監控。

CD-adapco 軟體，加上西門子自有的多學科仿真產品 Simcenter，可以將仿真和物理測試、智慧報告、資料分析技術相結合，更好地說明客戶創建數位孿生，更準確地預測產品開發過程中各階段的產品性能。

西門子完整的仿真軟體和測試解決方案組合，不僅能為西門子的數位化戰略和系統驅動的產品開發提供支援，還能推進產品開發各階段的創新，為其實現數位孿生戰略打下堅實的基礎。

3.3.2 奇異公司（見圖3-14）

圖 3-14 奇異公司 LOGO

2016 年 11 月 16 日，奇異公司宣佈與 ANSYS 合作，共同打造基於模型的數位孿生技術。透過此次合作，ANSYS 可以與奇異公司的數位部門、全球研究部門和產業部門一起，攜手擴展並整合 ANSYS 的物理工程仿真、嵌入式軟體研發平台與奇異公司的 Predix 平台，從而在多種不同產業領域發揮數位孿生解決方案的作用。將數位孿生解決方案從邊緣擴展到雲端，不僅可加速實現 ANSYS 仿真價值、推動 Predix 平台的應用，還能為探索突破性商業模型和商業關係創造新的機遇（見圖 3-15）。

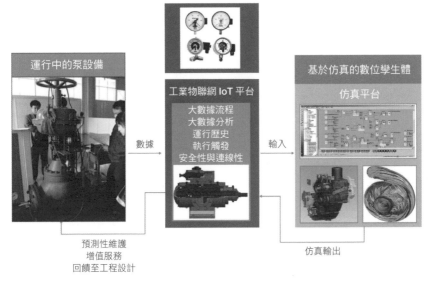

圖 3-15 奇異公司數位孿生技術示意圖

例如，每個引擎、每個渦輪、每台核磁共振，都擁有一個「數位孿生」，工程師可以在電腦上清晰地看到機器運行的每一個細節。透過這些數位化模型，可以在虛擬環境下實現機器人偵錯、試驗，優化其運行狀態。隨後，只需要將最佳方案應用在物理世界的機器上，就能節省大量的維修、偵錯成本。

在奇異公司 90 發動機上應用數位孿生技術後，大修次數減少，節省了上千萬元的成本；在鐵路上應用數位孿生技術後，大幅提升了燃油效率，同時降低了排放。到 2020 年，預計將有 1 萬台燃氣輪機，6.8 萬個飛機引擎，1 億支照明燈泡和 1.52 億台汽車連接工業網際網路。

奇異公司數位部門的 Predix 分析平台首席架構師 Marc Thomas Schmidt 指出：「數位孿生體最令人振奮的一個方面是我們能研究一個單獨的產品系統，例如風力渦輪機，並將這個產品孤立起來。這裡說的不是一般的渦輪機類別，而是特定的某個渦輪機。我們可以研究影響產品的天氣模式、產品的葉片角度、能量輸出，並對這部分機械進行優化。如果我們在現場對所有產品系統進行這樣的研究，想像一下這對整體產品性能的影響有多大。這無疑代表了產品工程的一次革命。」

奇異公司與 ANSYS 的合作，表明了仿真技術不再僅僅只是作為工程師設計更出色的產品和降低物理測試成本的利器，透過打造數位孿生，將仿真技術的應用擴展到各個營運領域，甚至涵蓋產品的

健康管理、遠端診斷、智慧維護、共用服務等應用。例如，透過日益智慧化的工業設備所提供的豐富的感測器資料與仿真技術強大的預測性功能「雙劍合璧」，幫助企業分析特定的工作條件並預測故障點，從而在生產和維護優化方面節約成本 [17]。

3.3.3　PTC（見圖 3-16）

圖 3-16　美國參數科技（PTC）公司 LOGO

美國參數科技（PTC）公司 CEO Jim Heppelmann 認為，當產品全生命週期管理（PLM）流程能夠延伸到產品應用的現場，再回溯到下一個設計週期，就建立了一個閉環的產品設計系統流程，並且能實現在產品出現故障之前進行預測性維修。而 PTC 公司則將其作為主推的「智慧互連產品」的關鍵性環節：智慧產品的每一個動作，都會返回設計師的桌面，從而實現即時的回饋與革命性的優化策略。

PTC 公司希望將技術與解決方案結合在一起，透過預測變化和交付商業成功所需的正確工具箱，將技術與解決方案結合在一起來滿足製造業對數位化的需求，強調智慧互連產品的開發、產品服務

17　e-works：《從仿真的視角認識數位孿生》，http://www.sohu.com/a/195717460_488176。

和全球監管，說明客戶克服面臨的各種挑戰，使製造業客戶更具有競爭力。PTC 公司正在建立一系列覆蓋產品全生命週期的解決方案，從產品建構的最初概念到成千上萬個產品的現場使用情況，最後將資訊應用於下一代產品的設計研發階段。

3.2.4 甲骨文

甲骨文（見圖 3-17）認為數位孿生是一個非常重要的概念，隨著物聯網在企業中的應用逐步深入，數位孿生將成為企業業務營運的戰略。

圖 3-17 甲骨文 LOGO

甲骨文物聯網雲透過如表 3-7 所示的三種方式全面實施數位孿生技術。

▶ 表 3-7 甲骨文物聯網雲全面實施數位孿生技術的三種方式

Oracle 物聯網雲全面實施數位孿生的 3 種方式	
1	Virtual Twin 透過設備虛擬化，超越簡單的 JSON 文件列舉觀察值和期望值。
2	Predictive Twin 透過使用各種技術建構的模型來模擬實際產品的複雜性來解決問題。
3	Twin Projections 將數位孿生體產生的洞察投影到使用者的後端商業應用程式上，使物聯網成為使用者業務基礎架構的一個組成部分。

3.2.5　SAP

SAP（見圖 3-18）的數位孿生系統基於 SAP Leonardo 平台，透過在數位世界中打造一個完整的「數位化雙胞胎」實現了即時的工程和研發。

圖 3-18　SAPLOGO

在產品的使用階段，SAP 數位孿生系統透過採集和分析設備的運行狀況，得出產品的實際性能，再與需求設計的目標進行比較，形成產品研發的閉環體系。這對於產品的數位化研發和產品創新具有非常重要的意義。

SAP 和三菱機器人共同推出了閉環的數位化產品管理（見圖 3-19），用來推動企業的產品創新進程。具體來講，SAP 推出了進行產品需求定義的模組，由此指導對應的產品研發和設計任務，並透過基於記憶體計算和大數據分析的產品成本測算系統進行成本分析，從而指導產品的開發；再進入到數位化開發階段，進行機械、電氣、電子、設計等系統的整合；最後進入到 SAP 的網上訂貨系統，透過三維介面的即時進行機器人互動設計 [18]。

18　e-words：《Digital Twin 的 8 種解讀》，https://www.cnblogs.com/aabbcc/p/10000117.html。

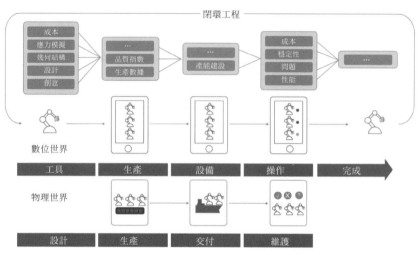

圖 3-19　SAP 和三菱機器人共同推出閉環的數位化產品管理

3.4 | 數位孿生生產的發展趨勢

3.4.1 擬實化（見圖 3-20）

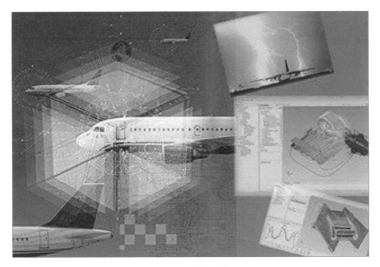

圖 3-20 擬實化

產品數位孿生體是物理產品在虛擬空間的真實反映，產品數位孿生體在工業領域應用的成功程度取決於產品數位孿生體的逼真程度，即擬實化程度。產品的每個物理特性都有其特定的模型，包括計算流體動力學模型、結構動力學模型、熱力學模型、應力分析模型、疲勞損傷模型及材料狀態演化模型（如材料的剛度、強度、疲勞強度演化等）。如何將這些基於不同物理屬性的模型關聯在一起，是建立產品數位孿生體繼而充分發揮產品數位孿生體模擬、診斷、

預測和控制作用的關鍵。基於多物理整合模型的仿真結果能夠更加精確地反映和鏡像物理產品在現實環境中的真實狀態和行為，使在虛擬環境中檢測物理產品的功能和性能並最終替代物理樣機成為可能，並且能夠解決基於傳統方法（每個物理特性所對應的模型是單獨分析的，沒有耦合在一起）預測產品健康狀況和剩餘壽命所存在的時序和幾何尺度等問題。例如，美國空軍研究實驗室建構了一個整合了不同物理屬性的機體數位孿生體，從而實現了對機體壽命的精準預測。因此，多物理建模將是提高產品數位孿生體擬實化、充分發揮數位孿生體作用的重要技術手段。

3.4.2　全生命週期化（見圖 3-21）

圖 3-21　全生命週期化

　　現階段，有關產品數位孿生體的研究主要側重於產品設計或售後服務階段，較少涉及產品製造。而 NASA 和 AFRL 透過建構產品數位孿生體，在產品使用／服役過程中實現對潛在品質問題的準確預測，使產品在出現品質問題時能夠實現精準定位和快速追溯。

　　未來，產品數位孿生體在產品製造階段的研究與應用將會是一個熱點。例如，在產品製造階段將採集到的製造過程資料與產品數位孿生體中對應的「單位模型」及「單位資訊處理模型」相關聯，實現虛擬產品與物理產品的關聯映射，形成的三維模型不僅能在螢幕上顯示，還可以從多個維度與物理產品進行互動，如高亮需要注意的異常點、自動完成實測資料和設計資料的比對、自動驗證／分析後續操作的可行性等。

　　這種虛擬產品和物理產品之間的即時互動將會在產品的製造階段帶來效率的提高和品質的提升。以導引頭光學系統的精度分析為例，在導引頭光學系統的生產過程中，一方面，檢測系統將採集到的檢測資料即時傳遞給虛擬空間中的產品數位孿生體，基於產品數位孿生體展示實測資料及設計理論資料並進行直觀比對；另一方面，基於實測資料計算和分析加工誤差和裝調誤差，可以透過調用產品數位孿生體內的工藝參數計算模組來確定工藝補償量，並根據系統的穩定性和一致性要求對加工誤差和裝調誤差進行即時補償和控制，再根據工藝補償確定整體系統補償量，驅動執行機構發出指令，透過裝配操作完成工藝補償；也可以透過優化裝配參數，基

於現有的實測資料預測最終光學系統的光學性能和抗振動、溫沖能力，並根據預測結果做出決策。

又如，基於物聯網、工業網際網路、移動互連等新一代資訊與通訊技術，即時採集和處理生產現場產生的過程資料（如儀器設備運行資料、生產物流資料、生產進度資料、生產人員資料等），並將這些過程資料與產品數位孿生體和生產線數位孿生體進行關聯映射和匹配，能夠線上對產品製造過程進行精細化管控（包括生產執行進度的管控、產品技術狀態的管控、生產現場物流的管控及產品品質的管控等）；結合智慧雲端平台及動態貝氏、神經網路等資料探勘和機器學習演算法，實現對生產線、製造單元、生產進度、物流、品質的即時動態優化與調整。

3.4.3 整合化（見圖 3-22）

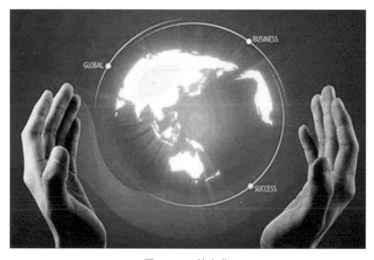

圖 3-22　整合化

數位紐帶技術作為產品數位孿生體的賦能技術，用於實現產品數位孿生體全生命週期各階段模型和關鍵資料的雙向互動，是實現單一產品資料來源和產品全生命週期各階段高效協同的基礎。美國國防部將數位紐帶技術作為數位製造最重要的基礎技術，工業網際網路聯盟也將數位紐帶作為工業網際網路聯盟需要著重解決的關鍵性技術。當前，產品設計、工藝設計、製造、檢驗、使用等各個環節之間仍然存在中斷點，並未完全實現數位量的連續流動；MBD 技術的出現雖然加強和規範了基於產品三維模型的製造資訊描述，但仍主要停留於產品設計階段和工藝設計階段，需要向產品製造／裝配、檢驗、使用等階段延伸。並且，現階段的數位量流動是單向的，需要數位紐帶技術實現雙向流動。因此，數位紐帶和數位孿生體整合化是未來的發展趨勢。

3.4.4　與增強現實技術的融合

增強現實（AR）技術是一種即時地計算攝影機影像的位置及角度並 加上相應圖像的技術，這種技術的目標是在螢幕上把虛擬世界套在現實世界上並進行互動。將 AR 技術引入產品的設計過程和生產過程，在實際場景的基礎上融合一個全三維的浸入式虛擬場景平台，透過虛擬外設，開發人員、生產人員在虛擬場景中所看到的和所感知到的均與實體的物質世界完全同步，由此可以透過操作虛擬模型來影響物質世界，實現產品的設計、產品工藝流程的制定、產品生產過程的控制等操作。AR 技術透過增強我們的見、聞、觸、

聽，打破人與虛擬世界的邊界，加強人與虛擬世界的融合，進一步模糊真實世界與電腦所產生的虛擬世界的界限，使人可以突破螢幕中的二維世界而直接透過虛擬世界來感受和影響實體世界，AR 技術與產品數位孿生體的融合將是數位化設計與製造技術、建模與仿真技術、虛擬實境技術未來發展的重要方向之一，是更高層次的虛實融合 [19]。

---

19 莊存波，等：《產品數位孿生體的內涵、體系結構及其發展趨勢》，《電腦整合製造系統》2017 第 23(4)．

數位孿生城市是數位孿生技術在城市層面的廣泛應用，透過建構與城市物理世界、網路虛擬空間的一一對應、相互映射、協同交互的複雜巨系統，在網路空間再造一個與之匹配、對應的孿生城市，實現城市全要素數位化和虛擬化、城市全狀態即時化和視覺化、城市管理決策協同化和智慧化。

綜上所述，數位孿生城市的本質是實體城市在虛擬空間的映射，也是支撐新型智慧城市建設的複雜綜合技術體系，更是物理維度上的實體城市和資訊維度上的虛擬城市的同生共存、虛實交融的城市未來發展形態。

4.1 ｜ 數位孿生城市概念的興起

　　城市發展至今還存在諸多的問題，現實狀態證實了傳統的發展模式越來越不可取，以資訊化為引擎的數位城市、智慧城市成為城市發展的新理念和新模式。

　　以中國為例，智慧城市建設經歷了三次浪潮（見圖 4-1）。

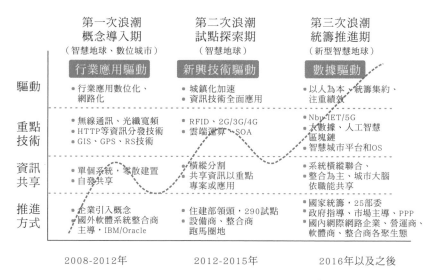

	第一次浪潮 概念導入期 （智慧地球、數位城市）	第二次浪潮 試點探索期 （智慧地球）	第三次浪潮 統籌推進期 （新型智慧地球）
	行業應用驅動	新興技術驅動	數據驅動
驅動	•行業應用數位化、 　網路化	•城鎮化加速 •資訊技術全面應用	•以人為本、統籌集約、 　注重績效
重點 技術	•無線通訊、光纖寬頻 •HTTP等資訊分發技術 •GIS、GPS、RS技術	•RFID、2G/3G/4G •雲端運算、SOA	•NB-IET/5G •大數據、人工智慧 　區塊鏈 •智慧城市平台和OS
資訊 共享	•單個系統，零散建置 •自發共享	•橫縱分割 •共享資訊以重點 　專案或應用	•系統橫縱聯合、 •整合為主、城市大腦 　依職能共享
推進 方式	•企業引入概念 •國外軟體系統整合商 　主導，IBM/Oracle	•住建部領頭，290試點 •設備商、整合商 　跑馬圈地	•國家統籌，25部委 •政府指導、市場主導、PPP •國內網際網路企業、營運商、 　軟體商、整合商各聚生態
	2008-2012年	2012-2015年	2016年以及之後

圖 4-1　中國智慧城市發展的三次浪潮 [20]

---

❶ 2008-2012 年：概念導入期

在這個階段，中國智慧城市經歷了第一次浪潮。該時期的智慧城市建設以行業應用為驅動，重點技術包括無線通訊、光纖寬頻、HTTP、GIS、GPS 技術等，資訊系統以單個部門、單個系統、獨立建設為主要方式，形成大量資訊孤島，資訊共用多採用「點對點」的自發共用方式。產業力量較為單一，由國外軟體系統整合商引入概念後主導智慧城市產業發展。

❷ 2013-2015 年：試點探索期

智慧城市開始走出中國特色道路，掀起第二次浪潮。該階段在中國城鎮化加速發展的大背景下，重點推進 RFID、3G/4G、雲端計算、SOA 等資訊技術全面應用，系統建設呈現橫縱分割特徵，資訊共用基於共用交換平台、以重點專案或協同型應用為推手。在推進主體上，由住房和城鄉建設部牽頭，在全國選取了 290 個試點，廣泛探索智慧城市建設路徑和模式。國內外軟體製造商、系統整合商、設備商等積極參與各環節建設。

❸ 2016 年及之後：統籌推進期

2016 年，中國提出新型智慧城市概念，強調以資料為驅動，以人為本、統籌集約、注重實效，重點技術包括 NB-IoT、5G、大數據、人工智慧、區塊鏈、智慧城市平台和作業系統等。資訊系統向橫縱聯合大系統方向演變，資訊共用方式從運動式向依職能共用轉

變。在推進方式上，由 25 個國家級部委全面統籌，在市場方面由電信營運商、軟體製造商、系統整合商、網際網路企業各聚生態，逐步形成政府指導、市場主導的格局。

雖然數位城市的概念提出由來已久，但之前的概念並沒有上升到數位孿生的高度，這與技術發展的階段有關。如今，數位孿生城市的內涵真正體現了數位城市想要達到的願景和目標。智慧城市是城市發展的高級階段，數位孿生城市作為城市發展的目標，是智慧城市建設的新起點，賦予了城市實現智慧化的重要設施和基礎能力；它是在技術驅動下的城市資訊化從量變走向質變的里程碑，由點到線、由線到面，基於數位化標識、自動化感知、網路化連接、智慧化控制、平台化服務等強大技術能力，使數位城市模型能夠完整地浮出水面，作為一個孿生體與物理城市平行運轉，虛實融合，蘊含無限創新空間。

對於中國智慧城市發展的第三次浪潮，可以充分利用數位孿生技術，基於立體感知的動態監控、基於無線網路的及時回應、基於軟體模型的即時分析和城市智腦的科學決策，解決城市規劃、設計、建設、管理、服務閉環過程中的複雜性和不確定性問題，全面助力提高城市物質資源、智力資源、資訊資源配置效率和運轉狀態，實現智慧城市的內生發展動力。

4.2 | 數位孿生城市的四大特點

數位孿生城市具有如表 4-1 所示的四大特點。

▶ 表 4-1 數位孿生城市的四大特點

數位孿生城市的 4 大特點	
1	精準映射
2	虛實互動
3	軟體定義
4	智慧干預

4.2.1 精準映射

數位孿生城市透過空中、地面、地下、河道等各層面的感測器佈設，實現對城市道路、橋樑、井蓋、燈蓋、建築等基礎設施的全面數位化建模，以及對城市運行狀態的充分感知、動態監測，形成虛擬城市在資訊維度上對實體城市的精準資訊表達和映射。

4.2.2 虛實交互

城市基礎設施、各類部件建設都留有痕跡，城市居民、來訪人員上網聯繫即有資訊。在未來的數位孿生城市中，在城市實體空間

可觀察各類痕跡,在城市虛擬空間可搜尋各類資訊,城市規劃、建設及民眾的各類活動,不僅在實體空間,而且在虛擬空間也得到了極大擴充,虛實融合、虛實協同將定義城市未來發展的新模式。

4.2.3　軟體定義

數位孿生城市針對物理城市建立相對應的虛擬模型,並以軟體的方式模擬城市的人、事、物在真實環境下的行為,透過雲端和邊緣計算,軟性指引和操控城市的交通訊號控制、電熱能源調度、重大專案週期管理、基礎設施選址建設。

4.2.4　智慧干預

透過在「數位孿生城市」上規劃設計、模擬仿真等,對城市可能產生的不良影響、矛盾衝突、潛在危險進行智慧預警,並提供合理可行的對策建議,以未來視角智慧干預城市原有的發展軌跡和運行,進而指引和優化實體城市的規劃、管理,改善市民服務供給,賦予城市生活「智慧」[21]。

21　陳才:《數位孿生城市服務的形態與特徵》,《CAICT 資訊化研究》。

4.3 | 數位孿生城市的服務形態及典型場景

4.3.1 服務形態

① 服務場景

城市中所有的服務場景都將在網路空間映射出一個虛擬場景，並以三維視覺化形式在城市大腦中呈現如表 4-2 所示的服務場景的靜態、動態兩類資訊。

▶ 表 4-2 數位孿生城市的服務場景

數位孿生城市的服務場景	
1	**靜態資訊** 包括位置面積等空間地理類資訊、樓層房間等建築類資訊、水電氣熱等管線資訊以及電梯等設備資訊。
2	**動態資訊** 包括溫度濕度等環境資訊、能源消耗資訊、設備運行資訊、人流資訊等。

此外，服務場景不僅包含政府服務大廳、博物館、圖書館、醫院、養老院、學校、體育場、購物中心、社區服務中心等固定場景，也包括公車、地鐵等移動場景。原本線下的活動，如去政務大廳辦事、觀看體育比賽和演唱會、去圖書館借閱、去博物館參觀、去購物中心採購、去學校上課等，都可以透過數位孿生系統及虛擬實境等技術，全部轉為線上完成。這樣的轉變，在交通、時間、財

力等各項成本減少的同時，活動的體驗並未受影響。數位孿生服務不同於以往簡單的線上服務，在場景設置、業務流程、服務效能等方面，可以全面重現並超越現實場景。

❷ 服務物件

城市服務以人為本，當前較為常見的用戶畫像侷限於少量基礎標籤和部分行為屬性，是數位孿生的初級形態。在使用者畫像的基礎上，數位孿生將整合個人的基礎資訊、全域覆蓋的監控資訊、無所不在的感知資訊、全管道及全領域服務機構資訊、手機訊號與網路行為等資訊，實現對每個人全程、全時、全景追蹤，將現實生活中人的軌跡、表情、動作、社交關係即時同步呈現在數位孿生體上。未來，每個人都將擁有一個與自己的身體狀態、運動軌跡、行為特徵等資訊完全一致的，從出生到死亡的全生命週期的數位人生。

❸ 服務內容

隨著 AR、VR 等技術的飛速發展，城市服務內容的數位孿生可能會最先實現。VR 透過音訊和視頻內容帶來沉浸式體驗，人們在未來不需要親自到音樂會、體育比賽現場，就能體驗身臨其境的感覺。AR 則突出虛擬資訊與現實環境的無縫融合，在現實中獲得虛擬資訊服務，如汽車抬頭顯示、博物館導覽、臨床輔助等。

4.3.2 典型場景

數位孿生城市的四個典型場景如表 4-3 所示。

▶ 表 4-3　數位孿生城市的四個典型場景

數位孿生城市的 4 個典型場景
1　智慧規劃與科學評估場景
2　城市管理和社會治理場景
3　人機互動的公共服務場景
4　城市全生命週期協同管控場景

❶ 智慧規劃與科學評估場景

對於城市規劃而言，透過在數位孿生城市執行快速的「假設」分析和虛擬規劃，摸清城市一花一木、一路一橋的「家底」、把握城市運行脈搏，對城市規劃的推動能夠對症下藥，提前佈局。在規劃前期和建設早期瞭解城市特性、評估規劃影響，避免在不切實際的規劃設計上浪費時間，防止在驗證階段重新進行設計，以更少的成本和更快的速度推動創新技術支撐的智慧城市頂層設計落地。

對於智慧城市效益評估而言，基於數位孿生城市體系及視覺化系統，以定量與定性方式，建模分析城市交通路況、人流聚集分佈、空氣品質、水質指標等各維度城市資料，決策者和評估者可快速直觀地瞭解智慧化對城市環境、城市運行等狀態的提升效果，評判智慧專案的建設效益，實現城市資料探勘分析，輔助政府在今後的資訊化、智慧化建設中的科學決策，避免走彎路和重複建設、低效益建設。

❷ 城市管理和社會治理場景

對於基礎設施建設而言，透過部署端側標誌與各類感測器、監控設備，利用二維碼、RFID、5G 等通訊技術和標識技術，對城市地下管網、多功能資訊杆柱、充電樁、智慧井蓋、智慧垃圾桶、無人機、攝像頭等城市設施實現全域感知、全網共用、全時建模、全程可控，提升城市水利、能源、交通、氣象、生態、環境等關鍵全要素監測水準和維護控制能力。

對於城市交通調度、社會管理、應急指揮等重點場景，均可透過基於數位孿生系統的大數據模型仿真，進行精細化資料探勘和科學決策，推出指揮調度指令及公共決策監測，全面實現動態、科學、高效、安全的城市管理。任何社會事件、城市部件、基礎設施的運行都將在數位孿生系統中即時、多維度呈現。對於重大公共安全事件、火災、洪澇等緊急事件，依託數位孿生系統，能夠以秒級時間完成問題發現和指揮決策下達，實現「一點觸發、多方聯動、有序調度、合理分工、閉環回饋」。

❸ 人機互動的公共服務場景

城市居民是新型智慧城市服務的核心，也是城市規劃、建設考慮的關鍵因素。數位孿生城市將以「人」作為核心主線，將城鄉居民每日的出行軌跡、收入水準、家庭結構、日常消費等進行動態監測、納入模型、協同計算。同時，透過「比特空間」預測人口結構和遷徙軌跡、推演未來的設施佈局、評估商業專案影響等，以智慧

人機互動、網路主頁提醒、智慧服務推送等形式，實現城市居民政務服務、教育文化、診療健康、交通出行等服務的快速回應及個性化服務，形成具有巨大的影響力和重塑力的數位孿生服務體系。

❹ 城市全生命週期協同管控場景

透過建構基於數位孿生技術的可感知、可判斷、可快速反應的智慧賦能系統，實現對城市土地勘探、空間規劃、專案建設、營運維護等全生命週期的協同創新。如表 4-4 所示為城市全生命週期協同管控場景。

▶ 表 4-4　城市全生命週期協同管控場景

城市全生命週期協同管控場景	
1	**勘察階段** 基於數值模擬、空間分析和視覺化表達，建構工程勘察資訊資料庫，實現工程勘察資訊的有效傳遞和共享。
2	**規劃階段** 對接城市時空資訊智慧服務平台，透過對相關方案及結果進行模擬分析及視覺化展示，全面實現「多規合一」。
3	**設計階段** 應用建築資訊模型等技術對設計方案進行性能和功能模擬、優化、審查和數位化成果交付，開展整合協同設計，提升品質和效率。
4	**建設階段** 基於資訊模型，對進度管理、投資管理、勞務管理等關鍵過程進行有效監管，實現動態、整合和視覺化施工管理。
5	**維護階段** 依託基於標識體系、感知體系和各類智慧設施，實現城市整體運行的即時監測、統一呈現、快速回應和預測維護，提昇運行維護水平。

4.4 | 數位孿生城市的整體架構

　　數位孿生城市與物理城市相對應，要建成智慧城市，首先要把相關城市的數位孿生體建構出來，因為城市級的整體數位化是城市級智慧化的前提條件。以前沒有「數位孿生」這個概念，是因為認識程度和技術條件都不成熟，如今資訊通訊技術高速發展，已經基本具備了建構數位孿生城市的能力。全域立體感知、數位化標識、萬物可信互連、泛在普惠計算、智慧定義一切、資料驅動決策等，構成了數位孿生城市強大的技術模型；大數據、區塊鏈、人工智慧、智慧硬體、AR、VR 等新技術與新應用，使技術模型不斷完善，功能不斷拓展增強，模擬、仿真、分析城市中發生的問題成為可能。雖然技術條件基本成熟，但實現方案相當複雜，這不僅是新技術融合創新的試驗場，也是對人類智慧達到新高度的挑戰。

　　數位孿生城市建設依託以「端、網、雲」為主要構成的技術生態體系，其整體架構如表 4-5 所示。

▶ 表 4-5　數位孿生城市的整體架構

數位孿生城市的整體架構	
1	**端測**　形成城市全域感知，深度刻劃城市運行體征狀態。
2	**網側**　形成廣泛高速網路，提供毫秒級時延的雙向資料傳輸，奠定智慧互動基礎。
3	**雲側**　形成普惠智慧計算，以大範圍、多尺度、長周期、智慧化地實現城市的決策、操控。

4.4.1　端側

群智感知、可視可控。

城市感知終端「成群結隊」地形成群智感知能力。感知設施將從單一的 RFID、感測器節點向具有更強的感知、通訊、計算能力的智慧硬體、智慧杆柱、智慧無人汽車等迅速發展。同時，個人持有的智慧手機、智慧終端機將整合越來越多的精密感測能力，擁有日益強大的感知、計算、儲存和通訊能力，成為感知城市周邊環境及居民的「強」節點，形成大範圍、大規模、協同化普適計算的群智感知。

基於標誌和感知體系全面提升傳統基礎設施的智慧化水準。透過建立基於智慧標誌和監測的城市共同管道，實現管道規劃協同化、建設運行視覺化、過程資料全留存。透過建立智慧路網實現路網、圍欄、橋樑等設施智慧化的監測、養護和雙向操控管理。多功能資訊杆柱等新型智

能設施全域部署，實現智慧照明、資訊互動、無線服務、機動車充電、緊急呼叫、環境監測等智慧化能力。

4.4.2　網側

廣泛高速、天地一體。

提供廣泛高速、多網協同的接入服務。全面推進 4G/5G/WLAN/NB-IoT/eMTC 等多網協同部署，實現基於虛擬化、雲化技術的立體無縫覆蓋，提供無線感知、移動寬頻和萬物互連的接入服務，支撐新一代移動通訊網路在垂直行業的融合應用。

形成「天地一體」的綜合資訊網路來支撐雲端服務。綜合利用新型資訊網路技術，充分發揮「空、天、地」資訊技術的各自優勢，透過「空、天、地、海」等多維資訊的有效獲取、協同、傳輸和彙聚，以及資源的統籌處理、任務的分發、動作的組織和管理，實現時空複雜網路的一體化綜合處理和最大限度地有效利用，為各類不同用戶提供即時、可靠、按需服務的廣泛、機動、高效、智慧、協作的資訊基礎設施和決策支援系統。

4.4.3 雲側

隨需調度、普惠便民。

由邊緣計算及量子計算設施提供高速資訊處理能力。在城市的工廠、道路、交接箱等地，建構具備周邊環境感應、隨需分配和智慧回饋回應的邊緣計算節點。部署以原子、離子、超導電路和光量子等為基礎的各類量子計算設施，為實現超大規模的資料檢索、城市精準的天氣預報、計算優化的交通指揮、人工智慧科研探索等巨量資訊處理提供支撐。

人工智慧及區塊鏈設施為智慧合約執行。建構支援知識推理、概率統計、深度學習等人工智慧統一計算平台和設施，以及知識計算、認知推理、運動執行、人機互動能力的智慧支撐能力；建立定制化強、個性化部署的區塊鏈服務設施，支撐各類應用的身份驗證、電子證據保全、供應鏈管理、產品追溯等商業智慧合約的自動化執行。

部署雲端計算及大數據設施。建立虛擬一體化的雲端計算服務平台和大數據分析中心，基於 SDN 技術實現跨地域伺服器、網路、儲存資源的調度能力，滿足智慧政務辦公和公共服務、綜合治理、產業發展等各類業務儲存和計算需求。

數位孿生城市的建構，將引發城市智慧化管理和服務的顛覆性創新。試想，與物理城市對應著一個數位孿生城市，物理城市所有的人、物、事件、建築、道路、設施等，都在數位世界有虛擬映射，資訊可見、軌跡可循、狀態可查；虛實同步運轉，情景交融；過去可追溯，未來可預期；當下知冷暖，見微知著，睹始知終；「全市一盤棋」盡在掌握，一切可管可控；管理扁平化，服務一站式，資訊多跑路，群眾少跑腿；虛擬服務現實，模擬仿真決策；精細化管理變容易，人性化服務不再難，城市智慧再不是空談 [22]。

22　高豔麗：《以數位孿生城市推動新型智慧城市建設》，《CAICT 資訊化研究》。

CHAPTER

5

數位孿生在其他
方面的應用

5.1 | 醫療健康（見圖 5-1）

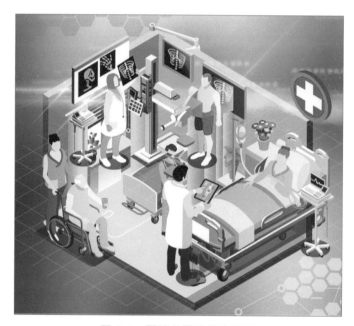

圖 5-1　醫院的醫療健康管理

　　透過創建醫院的數位孿生體，醫院管理員、醫生和護士可以即時獲取患者的健康狀況。醫療健康管理的數位孿生使用感測器監控患者並協調設備和人員，提供了一種更好的方法來分析流程，並會在正確的時間、針對需要立即採取行動的狀況來提醒相關的人員。

醫院的數位孿生體可以提高急診室的利用率並且疏散患者流量，降低操作成本並增強患者體驗。此外，可以透過數位孿生預測和預防患者的緊急情況，如心跳 90% 或呼吸停止，從而挽救更多的生命。事實上，一家醫院在實施數位孿生技術後，綜合成本節約了 90%，醫療保健網路中的藍色代碼（急診）事件減少了 61%。

未來我們每個人都將擁有自己的數位孿生體。透過各種新型醫療檢測、掃描儀器及可穿戴設備，我們可以完美地複製出一個數位化身體，並可以追蹤這個數位化身體每一部分的運動與變化，從而更好地進行自我健康監測和管理（見圖 5-2）。

圖 5-2　醫療健康管理的數位孿生實現自我健康監測和管理

5.2 | 智慧家居（見圖 5-3）

　　數位孿生在應用層面產生重大影響的另一個例子是智慧家居管理。數位孿生使建築營運商將先前未連接的系統如供熱通風、空氣調節（HVAC）、尋路系統等整合在一起，以獲得新的決策，優化工作流程並遠端監控。數位孿生還可用於控制房間的工作空間和環境條件，從而提升住戶體驗。

圖 5-3　智慧家居管理

　　透過優化系統和連接人員，業主和營運商可以使用數位孿生來降低營運成本及後期維修成本，在提高利用率的同時提高了資產整體價值。事實上，數位孿生可以將某些建築物的營運成本降低至 1.8 元 / 平方公尺 / 年 [23]。

23　孔峰：《什麼是數位孿生技術它的價值在哪裡》，http://field.10jqka.com.cn/20190313/c610219150.shtml。

5.3 | 航空航太（見圖 5-4）

圖 5-4　航空太空梭維護與保障

　　在航空航太領域，美國國防部最早提出將數位孿生技術應用於航空航太資料流動與資訊鏡像的健康維護與保障：先是在網際空間建立真實飛機的模型，然後透過感測器實現與飛機真實狀態完全同步。這樣在每次飛行後，技術人員能夠根據飛機現有情況和過往載荷，及時分析評估飛機是否需要進行維修，能否承受下次的任務載荷等。

5.4 │ 油氣探測（見圖 5-5）

圖 5-5　油氣探測

　　在油氣探測領域，中國某高新技術企業基於公司擁有自主智慧財產權的 WEFOX 三維疊前偏移成像、GEOSTAR 儲層預測、AVO-MAVORICK 三維油氣預測這三大核心技術；運用數位孿生理念，在石油天然氣、地熱能勘探開發、城市勘查、三維地震資料獲取、成像處理解釋、綜合地球物理地質研究、區塊資源評價、鑽完井技術服務、水準井壓裂設計及施工，及其地下三維空間大數據人工智慧平台等相關的軟體發展方面取得重大進展（見圖 5-6）。數位孿生將

油氣探測技術與人工智慧相結合，建構地下三維空間大數據平台，不僅能精準評估地下油氣資源、地熱能資源及其儲量經濟性，還透過「資料獲取成像一體化、地震地質一體化、地質工程一體化」等多學科一體化創新融合技術高效科學管理，大幅提高了地下三維勘探的精度。

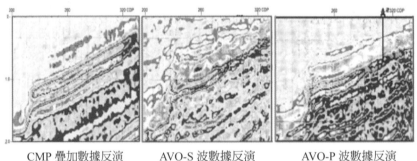

| CMP 疊加數據反演 | AVO-S 波數據反演 | AVO-P 波數據反演 |

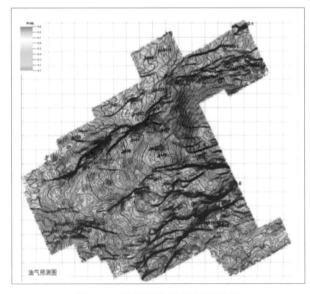

圖 5-6　數位孿生油氣探測技術

5.5 | 智慧物流（見圖 5-7）

圖 5-7　智慧物流

　　在智慧物流領域，數位孿生大屏、自動分揀機器人等「快遞黑科技」基本實現了資訊化與智慧化，基本實現在 24 小時內可以到達全國的很多地方。很多快遞企業引進許多「黑科技」助力自身服務能力的提升，例如數位孿生中心、大件分揀系統、車載稱重、AR 量方、無人駕駛貨車等。更有公司在數位化方面的投入超過 5 億元，預計未來每年還會投入 35 億元用於 IT 研發、運營配稱、後台管理等方面建設數位孿生中心 [24]。

24　《數位孿生概念興起 多領域探索及運用》，https://tech.china.com/article/20190312/kejiyuan012 9252569.html。

5.6 | 推動現實世界探索

在網際網路時代,搜尋技術讓人們得以更輕鬆地發現、瞭解和認知事物。在未來,無人機、自動駕駛汽車、感測器將取代當前「網路爬蟲」的工作。搜尋技術將變得更加複雜,我們將能夠搜尋氣味、味道、振動、紋理、比重、反射、氣壓等物理屬性。

隨著時間的推移,新的搜尋引擎將在數位世界和現實世界中找到幾乎所有的東西,一切都將是透明的(見圖 5-8)。

圖 5-8 新的搜尋引擎推動現實世界探索

5.7 大腦活動的監控與管理 （見圖5-9）

　　人腦是大自然中最複雜的「產品」之一，很多國家的科研人員正在試圖用數位化技術找出人類大腦的思考方式。例如，美國惠普公司正在與瑞士洛桑聯邦理工學院合作展開 Blue Brain 專案，指在建立哺乳動物大腦的數位模型，以期發現大腦的工作原理，從而利用大量的計算方法來模擬大腦的運動、感知和管理等功能，協助腦部疾病的診斷與治療。

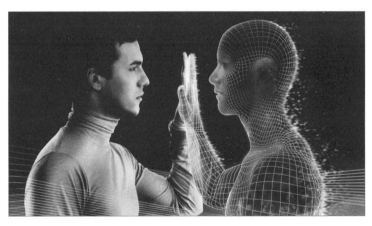

圖 5-9　大腦活動的監控與管理

Note

6 數位孿生應用案例

6.1 | 基於數位孿生的航空發動機全生命週期管理

　　傳統的航空發動機研製模式已經無法滿足日益增長的發動機性能和工作範圍的需求，以資訊化為引擎的數位化、智慧化研製模式才是未來的發展趨勢。雖然數位化的提出由來已久，但在此前並沒有上升到數位孿生的高度。數位孿生航空發動機的建構，引發了航空發動機智慧化製造和服務的顛覆性創新（見圖 6-1）。

圖 6-1　數位孿生航空發動機概念圖

　　數位孿生在航空航太方面的應用，還要提起前文中的 AFRL。2011 年，該實驗室將數位孿生引入飛機機體結構壽命預測中，並提出一個機體的數位孿生概念模型。這個模型具有超寫實性，包含實際飛機製造過程的公差和材料微觀組織結構特性。藉助高效能電腦，機體數位孿生能在實際飛機起飛前進行大量的虛擬飛行，發現非預期失效模式以修正設計；透過在實際飛機上佈置感測器，可即時採集飛機飛行過程中的參數（如六自由度加速度、表面溫度和壓

力等），並輸入數位孿生機體以修正其模型，進而預測實際機體的剩

餘壽命（見圖 6-2）。

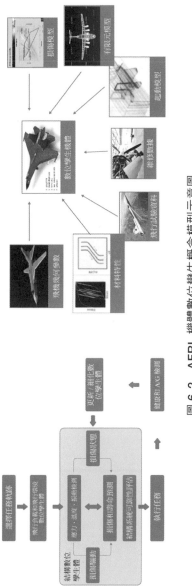

圖 6-2　AFRL 機體數位孿生概念模型示意圖

NASA 的專家已在研究一種降階模型（ROM），以預測機體所受的氣動載荷和內應力。將 ROM 整合到結構壽命預測模型中，能夠進行高保真應力歷史預測、結構可靠性分析和結構壽命監測，以提升對飛機機體的管理。上述技術實現突破後，就能形成初始（低保真度）的數位孿生機體。

此外，AFRL 正在展開結構力學專案，旨在研究高精度結構損傷發展和累積模型，AFRL 的飛行器結構科學中心在研究熱 – 動力 – 應力多學科耦合模型，這些技術成熟後將被逐步整合到數位孿生體中，進一步提高數位孿生機體的保真度。

同時，世界各大航空製造巨頭基於自身業務，提出與之對應的數位孿生應用模式，致力於實現在航空航太領域虛擬與現實世界的深度交互和融合，推動企業向協同創新研製、生產和服務轉型。例如，奇異公司正在使用的民用渦扇發動機和正在研發的先進渦槳發動機（ATP）採用或擬採用數位孿生技術進行預測性維修服務，根據飛行過程中感測器收集到的大量飛行資料、環境和其他資料，透過仿真可完整透視實際飛行中發動機的運行情況，並判斷磨損情況和預測合理的維修時間，實現故障前預測和監控。

中國的航空航太領域也在加緊進行數位孿生在航空工業方面的應用研究。中國航發研究院相關學者建立的面向航空發動機閉環全生命週期的數位孿生體應用框架如圖 6-3 所示。

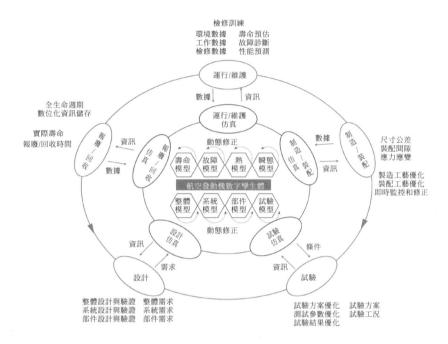

圖 6-3 中國航發研究院面向航空發動機閉環全生命週期的數位孿生
體應用框架

航空發動機數位孿生技術的創新應用過程有以下五個階段。

❶ 設計階段

航空發動機的研製是一項典型的複雜系統工程,面臨著研製需
求複雜、系統組成複雜、產品技術複雜、製造過程複雜、試驗維修
複雜、專案管理複雜、工作環境複雜等問題,基於同類型航空發動
機的數位孿生體,根據量化的使用者需求指標(如推力重量比、耗
油率、喘振裕度、效率和可靠性等),可在設計階段快速建構個性化
新型發動機的完整仿真模型,形成新型發動機的數位孿生體,並對

其整體性能和功能進行多系統聯合仿真，大幅提高新產品的設計可靠性，快速驗證新產品的設計功能。

❷ 試驗階段

傳統航空發動機的研製主要依靠物理試驗，為了測試航空發動機實際工作性能和特性，需要建立能夠模擬發動機實際工作環境和使用工作條件的試驗台，如地面模擬試驗台、高空模擬試驗台、飛行模擬試驗台等。一方面，試驗方案、試驗工作情況的設計和優化需要長期摸索，試驗時間和成本高昂；另一方面，一些極端的工作情況可能在現有試驗條件下無法實現。基於設計階段形成的航空發動機數位孿生體，可建構包含綜合試驗環境的航空發動機虛擬試驗系統，基於量化的綜合試驗環境參數，不斷修正其模型，可對試驗方案和測試參數進行優化，同時預測對應工作情況下發動機的性能，診斷其潛在的風險，強調在實際飛行之前進行「試飛」。

❸ 製造／裝配階段

在航空發動機製造和裝配前，基於其數位孿生體可以進行製造和裝配工藝優化；在製造和裝配過程中，透過感測器即時採集製造和裝配過程資訊（如尺寸公差、裝配間隙、應力應變等），基於大數據技術驅動航空發動機數位孿生體持續更新，實現虛實高度近似；在物聯網技術的支撐下，可實現對發動機零部件製造過程的即時監控、修正和控制，在保證零件的加工品質的同時形成個性化的發動機數位孿生體，為後續運行／維修階段服務。

❹ 運行 / 維修階段

在實際航空發動機出廠時，存在一個與其高度一致的航空發動機數位孿生體，同時交付給用戶。在發動機運行 / 維修階段，基於綜合健康管理（Integrated Vehicle Health Management，IVHM）即時監測航空發動機的運行參數和環境參數，如氣動、熱、迴圈週期載荷、振動、應力應變、環境溫度、環境壓力、濕度、空氣成分等，數位孿生體透過對上述飛行資料、歷史維修報告和其他歷史資訊進行資料探勘和文字探勘。

不斷修正自身仿真模型，可即時預測發動機的性能，進行故障診斷和報警，藉助 VR/AR 等技術，還可實現支援專家和維修人員的沉浸式互動，進行維修方案制定和虛擬維修訓練。

❺ 報廢 / 回收階段

在實際航空發動機被報廢或回收之後，與其對應的數位孿生體作為發動機全生命週期內數位化資訊的儲存和管理庫，可被永久保存，並被用於同類型發動機的研製過程中，建構閉環的發動機全生命週期數位化設計和應用模式，形成良性迴圈，大幅加速了發動機的研製流程，提高發動機設計的可靠性。

當然，建立航空發動機數位孿生體需要克服許多關鍵技術難題。數位孿生技術是未來降低航空發動機研發週期和成本、實現智慧化製造和服務的必然選擇。航空發動機數位孿生體透過接收發動

機全生命週期各個階段的資料，動態調整自身模型，即時保持與實際航空發動機高度一致，預測、監控實際航空發動機的運行情況和壽命。此外，數位孿生體可作為航空發動機全生命週期內資料的管理庫，應用到同類型產品的下一個研發週期中，大幅提高研發速度，降低研發成本。隨著對關鍵技術的不斷攻克，未來航空發動機數位孿生體會作為實現數位化設計、製造和服務保障的重要手段，使發動機的創新設計、製造和可靠性上升到全新的高度。

6.2 | 基於數位孿生的複雜產品裝配工藝

東南大學劉曉軍副教授團隊關於數位孿生的複雜產品裝配工藝取得了以下的研究成果。

複雜產品裝配是產品功能和性能實現的最終階段和關鍵環節，是影響複雜產品研發品質和使用性能的重要因素，裝配品質在很大程度上決定著複雜產品的最終品質。在工業化國家的產品研製過程中，大約 1/3 左右的人力從事與產品裝配有關的活動，裝配工作量占整個製造工作量的 20% ～ 70%，據不完全統計，產品裝配所需工時占產品生產研製總工時的 30% ～ 50%，超過 40% 的生產費用用於產品裝配，其工作效率和品質對產品製造週期和最終品質都有極大的影響。

隨著太空飛行器、飛機、船舶、雷達等大型複雜產品向智慧化、精密化和光機電一體化的方向發展，產品零部件結構越來越複雜，裝配與調整已經成為複雜產品研製過程中的薄弱環節。這些大型複雜產品具有零部件種類繁多、結構尺寸變化大且形狀不規整、單件小批量生產、裝配精度要求高、裝配協調過程複雜等特點，其現場裝配一般被認為是典型的離散型裝配過程，即便是在產品零部件全部合格的情況下，也很難保證產品裝配的一次成功率，往往需要經過多次選擇試裝、修配、調整裝配，甚至拆卸、返工才能裝配

出合格產品。目前，隨著基於模型定義（Model Based Definition，MBD）技術在大型複雜產品研製過程中的廣泛應用，三維模型作為產品全生命週期的唯一資料來源得到了有效傳遞，促進了此類產品的「設計－工藝－製造－裝配－檢測」每個環節的資料統一，使基於全三維模型的裝配工藝設計與裝配現場應用越來越受到關注與重視。

全三維模型的數位化產品工藝設計是連接基於 MBD 的產品設計與製造的橋樑，而三維數位化裝配技術則是產品工藝設計的重要組成部分。三維數位化裝配技術是虛擬裝配技術的進一步延伸和深化，即利用三維數位化裝配技術，在無物理樣件、三維虛擬環境下對產品可裝配性、可拆卸性、可維修性進行分析、驗證和優化，以及對產品的裝配工藝過程包括產品的裝配順序、裝配路徑及裝配精度、裝配性能等進行規劃、仿真和優化，從而達到有效減少產品研製過程中的實物試裝次數，提高產品裝配品質、效率和可靠性。數位化產品工藝設計基於 MBD 的三維裝配工藝模型承接三維設計模型的全部資訊，並將設計模型資訊和工藝資訊一起傳遞給下游的製造、檢測、維護等環節，是實現基於統一資料來源的產品全生命週期管理的關鍵，也是實現裝配工廠資訊物理系統中基於模型驅動的智慧裝配的基礎。

伴隨著德國「工業 4.0」、美國「工業網際網路」的相繼提出，其戰略核心均是透過資訊物理融合系統實現人、設備與產品的即時連通、相互識別和有效交流，從而建構一個高度靈活的智慧製造模

式。為實現複雜產品的三維裝配工藝設計與裝配現場應用的無縫銜接，面向智慧裝配的資訊物理融合系統是實現複雜產品「智慧化」裝配的基礎，其核心問題之一是如何將產品實際裝配過程的物理世界與三維數位化裝配過程的資訊世界進行交互與共融。

隨著新一代資訊與通訊技術（如物聯網、大數據、工業網際網路、移動互連等）和軟硬體系統（如資訊物理融合系統、無線射頻識別、智慧裝備等）的高速發展，數位孿生技術的出現為實現製造過程中物理世界與資訊世界的即時互連與共融、實現產品全生命週期中多源異構資料的有效融合與管理，以及實現產品研製過程中各種活動的優化決策等提供了解決方案。因此，藉助數位孿生技術，建構基於數位孿生驅動的產品裝配工藝模型，實現裝配工廠物理世界與數位化裝配資訊世界的互連與共融，是有效減少工藝更改和設計變更、保證裝配品質、提高一次裝配成功率、實現裝配過程智慧化的關鍵。

6.2.1 基本框架

數位孿生驅動的裝配過程基於整合所有裝備的物聯網，實現裝配過程物理世界與資訊世界的深度融合，透過智慧化軟體服務平台及工具，實現對零部件、裝備和裝配過程的精準控制，透過對複雜產品裝配過程進行統一高效地管控，實現產品裝配系統的自組織、自我調整和動態回應，具體的實現方式如圖 6-4 所示。

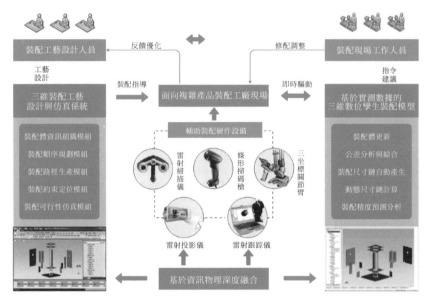

圖 6-4　數位孿生驅動的裝配過程

　　透過建立三維裝配孿生模型，引入了裝配現場實測資料，可基於實測模型即時、高保真地模擬裝配現場及裝配過程，並根據實際執行情況、裝配效果和檢驗結果，即時準確地給出修配建議和優化的裝配方法，為實現複雜產品科學裝配和裝配品質預測提供了有效途徑。數位孿生驅動的智慧裝配技術將實現產品現場裝配過程的虛擬資訊世界和實際物理世界之間的交互與共融，建構複雜產品裝配過程的資訊物理融合系統，如圖 6-5 所示。

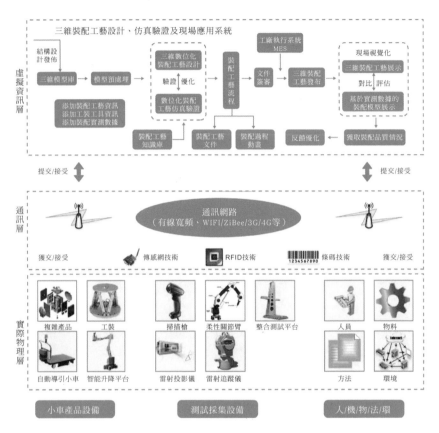

圖 6-5　數位孿生驅動的複雜產品智慧裝配系統框架

6.2.2　方法特點

現有的產品數位化裝配工藝設計方法大多基於理想數學模型，該模型可在裝配工藝設計階段用於檢查裝配序列、獲取裝配路徑、裝配干涉檢測等環節，然而對於單件小批量生產的大型複雜產品現場裝配而言，現階段的三維數位化裝配工藝設計並不能完全滿足現

場裝配發生的修配或調整等即時工藝方案的變化，這是因為在裝配工藝設計階段未考慮來自零部件及裝配誤差等因素，導致產品在裝配工藝設計時存在如表 6-1 所示的問題。

▶ 表 6-1　裝配工藝設計階段未考慮來自零件及裝配誤差等因素造成的問題

裝配工藝設計階段未考慮來自零件及裝配誤差等因素造成的問題
1　裝配工藝設計階段沒有充分考慮實物資訊和實測資料
2　不能實現虛擬裝配資訊與物理裝配過程的深度融合
3　現有三維裝配工藝設計無法高效準確地實現裝配精度預測與優化

❶ 裝配工藝設計階段沒有充分考慮實物資訊和實測資料

　　基於 MBD 技術的三維裝配工藝設計提供了一種以工藝過程建模與仿真為核心的設計方法，利用整合的三維模型來完整表達產品定義，並詳細描述了三維模型的工藝（如可行裝配序列和裝配路徑等）、裝配尺寸、公差要求、輔助工藝等資訊。然而，上述模型並不考慮製造過程，更不考慮實際裝配過程模型的演進，因此，將產品裝配製造過程模型和理想數學模型結合，在裝配工藝設計階段就充分考慮實物資訊，可高度仿真複雜產品實物裝配過程，提高其一次裝配成功率。

❷ 不能實現虛擬裝配資訊與物理裝配過程的深度融合

　　目前的虛擬裝配技術主要是基於理想幾何模型的裝配過程分析仿真與驗證，面臨著如何向實際裝配應用層面發展的瓶頸問題。由

於虛擬裝配技術在裝配累積誤差、零件製造誤差對裝配工藝方案的影響等方面缺乏分析和預見性，導致虛擬裝配技術存在「仿而不真」的現象，無法徹底解決在面向製造／裝配過程中的工程應用難題。上述問題的核心是虛擬裝配技術無法支援面向生產現場的裝配工藝過程的動態仿真、規劃與優化，無法實現虛擬裝配資訊與物理裝配過程之間的深度融合。

❸ 現有三維裝配工藝設計無法高效準確地實現裝配精度預測與優化

在大型複雜產品裝配過程中，經常採用修配法或調整法進行現場產品裝配作業，如何對裝配過程累積誤差進行分析，在產品實際裝配之前預測產品裝配精度，如何根據裝配現場採集的實際裝配尺寸即時設計合理可靠的裝調方案，是當前三維裝配工藝設計的難點之一。當前的三維裝配工藝設計技術由於沒有考慮零部件實際製造精度資訊及實際幾何表面的接觸約束關係等影響因素，導致現有裝配精度預測與優化方法很難運用於實際裝配現場。

綜上所述，相對於傳統的裝配，數位孿生驅動的產品裝配呈現出新的轉變，即工藝過程由虛擬資訊裝配工藝過程向虛實結合的裝配工藝過程轉變，模型資料由理論設計模型資料向實際測量模型資料轉變，要素形式由單一工藝要素向多維度工藝要素轉變，裝配過程由以數位化指導的物理裝配過程向物理、虛擬裝配過程共同進化轉變。

6.2.3 關鍵理論與技術

實現數位學生驅動的智慧裝配技術，建構複雜產品裝配過程的資訊物理融合系統，急須在如圖 6-7 所示的產品裝配工藝設計的關鍵理論與技術問題方面取得突破。

❶ 在數位學生裝配工藝模型建構方面

研究基於零部件實測尺寸的產品裝配模型重構方法並重構產品裝配模型中的零部件三維模型，基於零部件的實際加工尺寸進行裝配工藝設計和工藝仿真優化。課題組在前期研究了基於三維模型的裝配工藝設計方法，包括三維裝配工藝模型建模方法，三維環境中裝配順序規劃、裝配路徑定義的方法，裝配工藝結構樹與裝配工藝流程的智慧映射方法。

▶ 表 6-2 　基於數位學生的產品裝配工藝設計的關鍵理論與技術

基於數位學生極需突破的產品裝配工藝設計關鍵理論與技術	
1	在數位學生裝配工藝模型建構方面
2	在基於學生資料融合的裝配精度分析與可裝配性預測方面
3	在虛實裝配過程的深度整合及工藝智慧應用方面

❷ 在基於學生資料融合的裝配精度分析與可裝配性預測方面

研究裝配過程中物理、虛擬資料的融合方法，建立待裝配零部件的可裝配性分析與精度預測方法，並實現裝配工藝的動態調整與

即時優化。研究基於實測裝配尺寸的三維數位孿生裝配模型建構方法，根據裝配現場的實際裝配情況和即時測量的裝配尺寸，建構三維數位孿生裝配模型，實現數位化虛擬環境中三維數位孿生裝配模型與現實物理模型的深度融合。

❸ 在虛實裝配過程的深度整合及工藝智慧應用方面

建立三維裝配工藝演示模型的表達機制，研究三維裝配模型的輕量化顯示技術，實現多層次產品三維裝配工藝設計與仿真工藝檔的輕量化；研究基於裝配現場實物驅動的三維裝配工藝現場展示方法，實現現場需要的裝配模型、裝配尺寸、裝配資源等裝配工藝資訊的即時精準展示；研究裝配現場實物與三維裝配工藝展示模型的關聯機制，實現裝配工藝流程、MES 及裝配現場實際裝配資訊的深度整合，完成裝配工藝資訊的智慧推送。

6.2.4 部裝體現場裝配應用平台範例

為實現面向裝配過程的複雜產品現場裝配工藝資訊採集、資料處理和控制優化，建構基於資訊物理融合系統的現場裝配數位孿生智慧化軟硬體平台（見圖 6-6）。該平台可為數位孿生裝配模型的產生、裝配工藝方案的優化調整等提供現場實測資料。

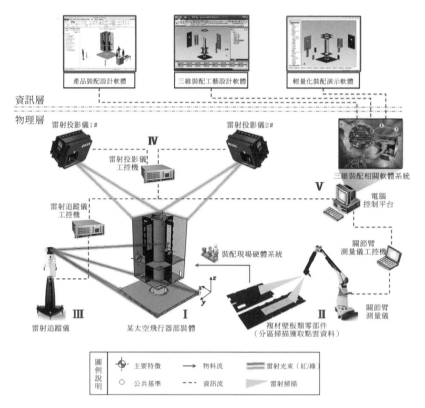

I：裝配部裝體（局部）；II：關節臂測量儀設備及工控機；III：雷射追蹤儀設備及工控機；IV：雷射投影儀設備（組）及工控機；V：電腦控制平台和相關軟體系統

圖 6-6　基於資訊物理融合系統的現場裝配數位學生智慧化硬體平台

　　部裝體現場裝配應用平台系統包括產品裝配現場硬體系統（如關節臂測量儀、雷射追蹤儀、雷射投影儀、電腦控制平台等）和三維裝配相關軟體（如三維裝配工藝設計軟體、輕量化裝配演示軟體等）系統。

　　基於數位孿生的產品裝配工藝設計流程：首先，將產品三維設計模型、結構件實測狀態資料作為工藝設計輸入，進行裝配序列規劃、裝配路徑規劃、雷射投影規劃、裝配流程仿真等預裝配操作，推理產生面向最小修配量的裝配序列方案，將修配任務與裝配序列進行合理協調；然後，將產生的裝配工藝檔經工藝審批後下放至現場裝配工廠，透過工廠電子看板指導裝配工人進行實際裝配操作，並在實際裝配前對初始零部件狀態進行修整；最後，在現場裝配智慧化硬體設備的協助下，雷射投影儀設備（組）可高效準確地實現產品現場裝配活動的雷射投影。為避免錯裝漏裝，提高一次裝配成功率，雷射追蹤儀可採集產品現場裝配過程的偏差值，並即時將裝配過程偏差值回饋至工藝設計端，經裝配偏差分析與裝配精度預測，給出現場裝調方案，實現裝配工藝的優化調整與再指導，高品質地完成產品裝配任務。

　　目前，已有課題組在三維裝配工藝建模機制、三維裝配工藝設計與輕量化裝配工藝演示等方面完成了部分探索工作，正處於工程應用研發的推進階段。而在數位孿生驅動的三維裝配工藝應用、智慧化裝配平台建置、跨系統及跨平台軟硬體整合等方面處於起步的研究階段，仍待進一步深入研究 25。

---

25 《數位孿生系列報導（十）：數位孿生驅動的複雜產品裝配工藝》，《電腦整合製造系統》。

6.3 | 英國石油公司先進的模擬與監控系統 APEX

假如給我們的身體創建一個數位孿生體，來測試不同的選擇對動脈、靜脈及器官的影響，是不是想起來就覺得不可思議卻又心癢，希望立即實現嗎？這就是英國石油公司先進的模擬與監控系統 APEX 背後的理念，該系統創建了英國石油公司在全球的所有生產系統的虛擬副本。

讓我們一起來學習 APEX 系統是如何說明優化生產、增加價值的，尤其是在縮短作業時間方面。

對石油開採略有瞭解的人都知道，原油分子在流經採油設備時，擁有數十億甚至數萬億條不同的流動路徑。以英國石油公司龐大的北海油田為例，每天都有超過二十萬桶的原油從海底岩石中流過數千公尺的井筒與立管，流入複雜的輸油管道網路與原油加工基礎設施。這些作業的核心是英國石油公司的工程師，他們每天都需要做出選擇 —— 利用複雜的計算來確定打開哪些閥門、施加什麼樣的壓力及注入多少水，這些都是為了安全地優化生產。

但是，傳統的決策制定方法既複雜又冗長，但對於持續改進性能及提高產量卻又至關重要。工程師們先前總是依靠他們的技能與經驗，但現在他們可以利用數位孿生技術，這不是人體克隆技術，而是數位克隆技術。運用數位孿生技術建立尖端的模擬與監視系

統，能夠以數位化形式重現真實世界設施的每個元件。英國石油公司的北海油田一直處於數位化發展的最前沿，其建構的 APEX 系統現已推廣至英國石油全球所有的生產體系中。

北海油田石油工程師 Giuseppe Tizzano 解釋：「APEX 系統是一種利用整合資產模型的生產優化工具。同時，它也是一種用於現場的、強大的監控工具，能夠及時發現問題，避免對生產造成嚴重的負面影響。」

APEX 系統的「血肉」是英國石油公司每口井的資料、流態與壓力資訊，「骨架」是物理學的水力模型，而且，就像人體一樣，APEX 系統迅捷且敏感。利用 APEX 系統，生產工程師可在短短幾分鐘內運行過去需要數小時的模擬，從而實現持續優化。例如，墨西哥灣石油工程師 Carlos Stewart 說：「作業時間是最寶貴的收益。先前的系統優化可能需要 24 ～ 30 小時，而利用 APEX 系統僅需要 20 分鐘。」採用該系統後，2017 年，英國石油公司在全球增加了三萬桶的產量。

另外，該系統還可以用於安全地測試「假設」情景。透過將模型與實際資料配對，每小時都可進行異常情況的檢測，並且可以模擬分析作業的影響因素，以向工程師展示如何調整流速、壓力及其他參數，從而安全地優化生產。

由於英國石油公司一些最複雜的生產系統位於北海，APEX 系統首先在那裡的多個油田進行了試點應用。如今，包括 Tizzano 在內的

團隊在全球範圍內提供專家建議，因為其他一些油田應用 APEX 系統，受益於該系統令人難以置信的能力，確定如何能夠提高效率，並預測何處存在潛在問題。

生產團隊的回饋是積極認可的。英國石油公司優化工程師 Amy Adkison 表示：「開始我們不確定是否可以在北海使用 APEX 系統，因為該地區的管線規模龐大，但我們已經獲得了很大的支援，來整合這種複雜性。我們很高興能夠在同一個技術平台上與其他地區展開合作。」她還表示：「每個人都為他們所在的區域解決了一個難題，我們渴望分享經驗，以促進生產優化。這意謂著我們的部署時間將從幾年縮短至幾個月。」

英國石油公司的千里達和多巴哥系統優化負責人 Shaun Hosein 解釋說：「在如此龐大的系統中總會存在某些作業，如油井投產、閥門測試、管道檢查等。利用 APEX 系統這個新工具，我們能夠快速模擬即將發生的事情，從而優化生產。」

Shaun Hosein 還「有一次，我們不得不關閉陸上設施的一條管道進行維修，這在以前意謂著減產。但該系統模擬了這個過程，並向我們展示了如何準確地重新安排流動路線，以及以何種流速輸送原油。因為需要耗費三天的時間來完成管道維護，所以它保證了產量 [26]。」

---

26 《數位孿生技術助增產》，https://mp.weixin.qq.com/s? biz=MzU1MTkwNDAwOA%3D%3D&idx=2&mid=2247491107&sn=b5556beff5dee5f57c2dbe39bca7c6f1 。

　　因此，有充分的理由相信，APEX 系統在英國石油公司的全球投資組合的占比將會越來越大，未來，該系統的應用會帶給英國石油公司更為深厚的升值空間。

6.4 ┃ 基於數位孿生的企業全面預算系統

在當前的企業領域，數位孿生多指利用物聯網、即時通訊、三維設計、仿真分析模型等跨領域技術融合，實現現實物理世界的設備向數位世界的回饋。

數位孿生還適用於企業管理領域。國內很多企業在資訊化建設過程中的財務系統、進銷存、人力資源、OA（Office Automation，辦公自動化）、CRM（Customer Relationship Management，客戶關係管理）等業務系統資料孤島隔離，即使對主資料做過梳理，也很難實現各業務系統資料的即時對接。管理層級很難及時瞭解企業經營的真實全貌。現有的企業管理軟體設計思想多為模擬企業的實體業務過程及線下操作的動作，如各種單據、表樣、流程等，而不是建立實體業務的數位化模型。因此產生了大量的資料冗餘，資料的一致性差。

多維資料倉庫軟體及應用就是為這個場景而生的。多維資料倉庫技術已有 30 年的歷史，其主要透過多維建模，為企業資訊化實現資料「統一版本的事實」，成為建設企業管理數位孿生的利器。在實際應用中，多維資料倉庫主要透過建立企業實體業務的多維模型，實現對業務資料的即時分析，並基於業務動因即時預測業務結果，預警風險並及時調整。企業績效管理軟體（Enterprise Performance Management，EPM）是建設企業管理動態模型的典型工具，其核心就是多維資料倉庫。在企業的 IT 體系結構中，企業資源計畫

（Enterprise Resource Planning，ERP）等業務系統成為 EPM 的資料來源，因此 ERP 與 EPM 形成了資料的上下游。

隨著多資料倉庫及分散式運算技術的不斷發展，未來的趨勢是 EPM 將逐步取代以 ERP 為主的傳統業務系統，實現資料產生、建模採集、分析預警、決策支援的即時一體化。在企業的全面預算管理資訊化過程中，以多維資料倉庫為基礎建立企業管理數位孿生體，助力企業實現計畫預算、執行控制、分析決策一體化管理。如圖 6-7 所示為 EPM 應用架構。

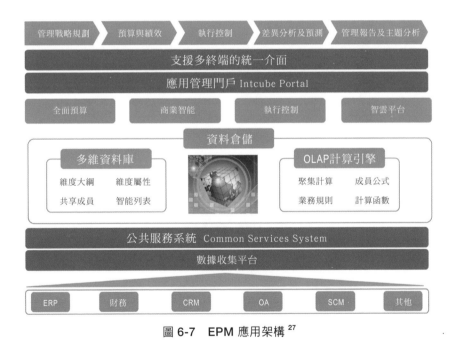

圖 6-7　EPM 應用架構[27]

27　《數位孿生：全面預算系統的未來趨勢》，https://www.xuanruanjian.com/art/146214.phtm。

6.5 中國首條在役油氣管道數位學生體的建構與應用

隨著中國油氣骨幹管網建設步伐加快,以及全球物聯網、大數據、雲端計算、人工智慧等新資訊技術的迅速發展應用,中國石油提出「全數位化移交、全智慧化營運、全生命週期管理」的智慧管道建設模式,選取了中緬管道作為在役管道數位化恢復的試點。中緬管道是油氣並行的在役山地管道,涉及原油與天然氣站場、閥室,其中原油管道是一個完整的水力系統。本試點對管道建設期設計、採辦、施工及部分維運期資料進行恢復,結合三維雷射掃描、傾斜攝影、數位三維建模等手段,建構中緬油氣管道試點段的數位學生體,為實現管網智慧化營運奠定資料基礎。

6.5.1 數位學生體建構流程

在役油氣管道數位學生體的建構對象是管道線路和站場,其流程主要分為四個部分:資料收集、資料校驗及對齊、實體及模型恢復、資料移交。線路和站場數位化恢復成果暫時提交至 PCM 系統（天然氣與管道 ERP 工程建設管理子系統）和 PIS（管道完整性管理系統）,待資料中心建成後正式移交（見圖 6-8）。

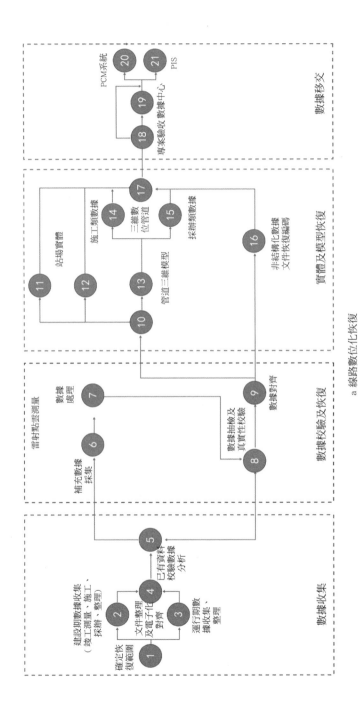

a 線路數位化恢復

圖 6-8　在役管道數位孿生體建構流程圖

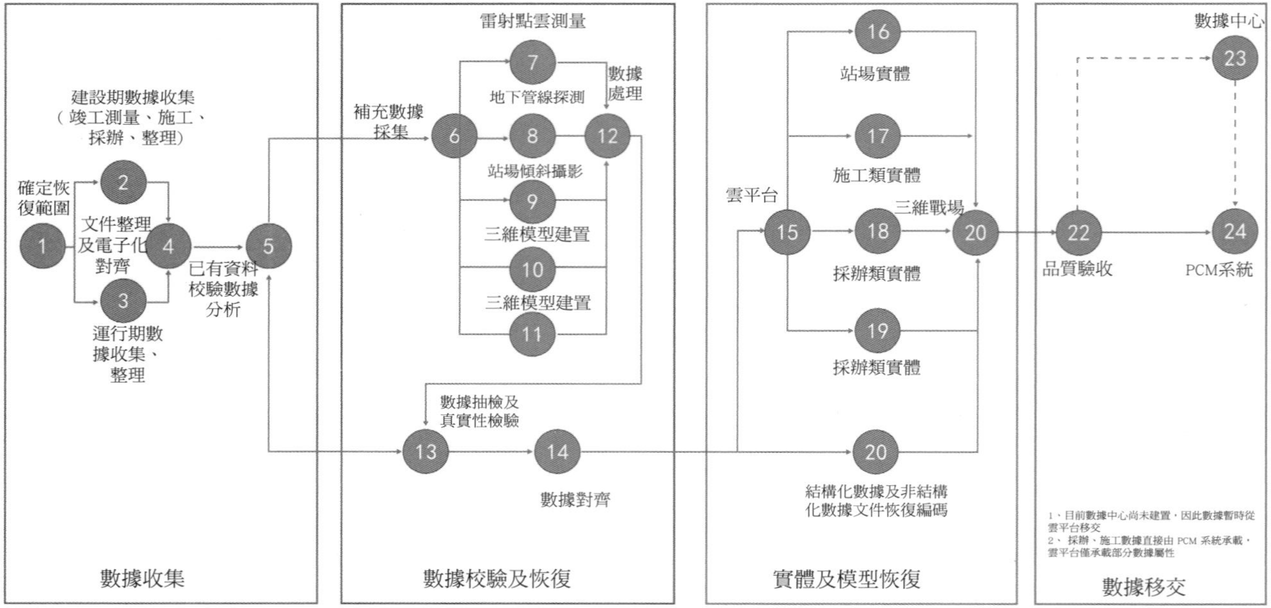

圖 6-8 在役管道數位孿生體建構流程圖（續）

b 站場數位化恢復

以下對建構流程的前三個部分進行介紹。

❶ 資料收集

為了使管道正常運行，需要確定資料恢復範圍，主要包括管道周邊環境資料、設計資料及建設期竣工資料。管道周邊環境資料包括基礎地理資料和管道周邊地形資料，為管道本體建立承載環境。設計資料包括專項評價資料、初設高後果區識別資料及施工圖設計資料。建設期竣工資料包括竣工測量資料、管道改線資料，並將施工資料、採辦資料與管道本體掛接。

已有資料主要採集竣工圖資料、採辦資料及施工資料。分析已有成果資料（竣工測量資料、中線資料、基礎地理資訊資料等）的完整性、準確性。透過抽樣檢查已有資料的範圍、一致性、空間參考系及精度等，對其收集、校驗，確定需要補充採集資料的範圍和手段。根據已有資料的分析結果，對資料恢復指標量化（見表 6-3）。從基準點、管道中線探測、三樁一牌測量、航空攝影測量、基礎地理資訊採集、三維雷射掃描、三維地形建構、站場傾斜攝影、站場管線探測、關鍵設備銘牌資料方面補充資料獲取。

▶ 表 6-3　在役管道數位化恢復技術指標

指標	要求
基礎地理資訊資料採集 衛星遙感影像圖 航空攝影測量正射影像圖 航空攝影測量數位高程模型 大型跨越點高精度三維掃描	中心線兩側各 400 m 兩側至少各 2.5 km，分辨率不低於 0.5 m 或 1 m，精度應滿足 1:10 000 的要求 兩側各 400 m，分辨率大於 0.2 m 管道兩側各 400 m 大型跨越重點關注目標物點間距不低於 0.02 m，一般區域關注點的點間距要求不低於 0.05 m，其他點間距不低於 0.10 m

❷ 資料校驗及對齊

　　資料校驗及對齊是從資料到資訊的關鍵步驟，是將管道附屬設施和周邊環境資料基於環焊縫資訊或其他擁有唯一地理空間座標的實體資訊進行校驗及對齊。對齊以精度較高的資料為基準，使管道建設期的管道本體屬性與營運期內的檢測結果及管道周邊地物關聯。資料校驗及對齊主要從管道中心線、焊口、站內管道及附屬設施、站內地下管道及線纜方面進行。

　　對於一般線路管道中心線，利用地下管道探測儀和 GPS 設備獲取管道中線位置和埋深，透過複測、　探、開挖等方式覆核資料。對於河流開挖穿越段，利用固定電磁感應線圈在管道上方測量交流訊號的分佈，依據分佈規律和衰減定位管道的位置和埋深。本試點對中緬瑞麗江進行水域埋深檢測，用數位化設計軟體對竣工測量成果產生油氣管道縱斷面圖，並與探測結果進行對比，確定管道、彎管位置及管底高程。

中緬管道的內檢測焊縫資料採用基於里程和管長的方法進行焊縫對齊，結合中緬內檢測及施工記錄的焊縫資料，以熱煨彎管為分段點對齊，修復焊口缺失和記錄誤差問題。

站內管道及附屬設施透過三維模型與現場雷射點雲模型對比進行資料校驗及對齊。

對於電信井等明顯點進行調查測量，查明類型、走向及埋深，對於隱蔽點利用地下管道探測儀探測其埋深及屬性，採用即時動態定位或已採集管道點座標資訊標記，繪製帶有管道點、管道走向、位置及連接關係的地形圖。將三維模型平面圖與探測圖成果進行對比，校驗管道位置、埋深偏差。

❸ 實體及模型恢復

（1）線路。

線路模型恢復是以竣工測量資料為基礎，進行資料校驗及對齊，形成管道本體模型所需的資料，然後進行建模。

穿跨越工程主要分為開挖穿越、懸索跨越、山嶺隧道穿越三種形式。對於開挖穿越，實體為管道本體與水工保護，採用與線路一致的方式恢復；對於懸索跨越，結構實體包括主塔、橋面、錨固墩、橋墩、管道支座等，對跨越整體進行三維雷射點雲掃描，獲取跨越橋樑的完整模型；對於山嶺隧道穿越，由於隧道主體結構與跨越橋樑結構複雜，因此要結合三維雷射掃描

點雲資料建構模型。對山嶺隧道、洞門，採用雷射點雲方式採集現場實景模型；對隧道洞身及相關構件，根據施工竣工資料採用 Revit 軟體建模，並關聯資料。

（2）站場

站場實體及模型恢復透過三維資料庫、Revit 族庫、工藝和儀錶流程圖（Process & Instrument Diagram，P&ID）繪製、Revit 繪製、三維模型繪製及三維總圖模型繪製完成。

透過 P&ID 繪製，實現系統圖的圖面內容和報表結構化。透過 SPP&ID 軟體進行智慧 P&ID 設計，設計資料整合在系統中，並將 SPF（Smart Plan Foundation）軟體作為資料管理平台，整合 SPI（SMartPlanInstrument）、SP3D（SmartPlant 3D）軟體，建立共用工程資料庫和文件庫，最終完成三維資料庫的建置。

透過站場／閥室三維雷射點雲資料及空間實景照片進行資料校驗，實現以竣工圖和設計變更為資料庫建立的依據，以雷射點雲測量資料為驗證手段，建立站場閥室三維資料模型。透過 Revit 軟體及竣工圖紙等建立建築三維模型。

根據測量地形資料產生三維地形模型，建立三維設計場地模型。根據構築物詳圖中的構築物斷面資訊，建立總圖線狀構築物部件及模型和非線狀構築物模型。將三維地形模型、三維設計場地模型、總圖線狀構築物模型導入三維設計平台，輸入關鍵座標點、標高、構築物結構資訊和站場周邊重點地物資訊等三維場景資料，建置站場三維資料庫。

6.5.2 數位化恢復主要技術

❶ 基準點測量

基準點是進行測量作業前，在測量區域範圍內佈設的一系列高精度基準控制點。基準點採用 GPS 測量 D 級精度，按照每 50 km 一個的頻率，建構測繪基準控制網。

GPS 單點定位精度受衛星星曆誤差、衛星鐘差、大氣延遲、接收機鐘差即多路徑效應等多種誤差的影響。試點段管道是山地管道，山高林密，交通、通訊困難，影響 GPS 定位精度。為了減小誤差，基準點測量採用 PPP 技術（Precise Point Positioning）獲取高精度座標資料，利用由國際 GPS 服務機構 IGS 提供和計算的 GPS 衛星精密星曆和精密鐘差，基於單台 GPS 雙頻雙碼接收機觀測資料在近700 km 內測得 38 個高精度基準點定位資料，大幅度提高了作業效率，具有較高的精度和可靠性。

❷ 管道中線探測

管道中線是管道完整性資料模型的核心，是其他基礎資料定位和展示的基準。探測前，將整理竣工資料、內檢測資料中彎頭數量、角度、方向等資訊作為探測依據，提高探測精度。探測時，採用雷迪和 CORS-RTK（Continuous Operational Reference System-Real Time Kinematic）技術完成地下管道探測。由於管道具有範圍大、點多面廣的特點，且位於山區、河道、水域或自然環境具有危險因素的區

域，使用傳統的測量技術不僅投入大、精度也難以保證，因此應藉助 CORS-RTK 技術進行野外測量作業，完成管道中線座標、高程實測。

CORS-RTK 技術是基於載波相位觀測值的即時動態定位測量技術，能夠即時提供 GPS 流動站在特定坐標系中的三維座標，在有效測量範圍內精度可達釐米級。測量資料獲取完成後，可以進行自動儲存和計算，將解算的測量成果與竣工中線成果進行對比，按一定容差分類統計誤差比例，結合現場實際情況分析誤差原因，進一步提高探測資料精度。

❸ 航空攝影測量

航空攝影測量採用固定翼無人機完成管道線路航空攝影測量及資料解譯，獲取高精度航飛攝影。航空攝影測量根據管道走向、地形起伏及飛行安全條件等，劃分為多個不同的航攝分區。航線沿管道線路走向或測區主體方向設計，綜合多個線路轉角點敷設儘量順直的航線，將管道中線佈設在攝區中間，保證覆蓋管道中線兩側各不低於 200m 的有效範圍。航飛完成後，根據像控點和採集的相片進行資料處理，製作 0.2m 的 DOM（數位正射影像）和 2m 的 DEM（數位高程模型）。

航空攝影測量是地理資訊採集、水工保護採集、三維地形模型建構的基礎，可以為地質災害和高後果區提供預判，對於管道日常維護提供更直觀、便利的地形環境、植被情況、道路通達情況的描述，為政府備案、應急搶險、決策支援、高後果區管理、維修維護提供準確的資料支撐。

❹ 三維雷射掃描

三維雷射掃描又稱實景複製技術，是一種快速獲取三維空間資訊的技術，該技術透過非接觸式掃描的方式獲取目標物表面資訊，包括目標物的點位元、距離、方位角、天頂距和反射率等。

透過三維雷射掃描器對管道大型跨越的橋樑主體結構進行實景複製，實現與管道橋樑比例一致的高清、高精度的三維建模（見圖 6-9）。管道穿越橋樑採用 FARO S350 地面三維雷射掃描器對瀾滄江、怒江及漾濞江 3 處大型跨越的雷射掃描、點雲處理及三維建模。高精度的三維模型為大型跨越的維護、改建、設計、檢測提供真實可靠的資料來源。站場地表建築、設備等透過 RIEGL VZ-1000 雷射掃描器三維掃描測量，利用尼康 D300S 進行影像資料獲取。資料獲取後，透過標靶點進行點雲資料拼接和座標糾正以提高精度，建構站場三維雷射點雲模型。點雲模型點間距和精度需要滿足《石油天然氣工程地面三維雷射掃描測量規範》的要求。

圖 6-9　橋樑跨越三維模型圖

　　透過三維雷射掃描實現與管道橋樑、地面建築及設備比例一致的三維建模，實現數位視覺化。對於站場、地質災害、高危區段、高後果區數位化管理具有借鑒意義。

❺ 三維地形建構

　　管道沿線的三維地形建構需要將衛星影像與航拍影像融合。衛星影像是高分二號衛星和高景一號衛星拍攝的 0.5~1m 高解析度遙感影像和格網間距 30m 數位高程模型，航拍影像是透過航空攝影測量拍攝的 DOM 和 DEM。透過三維地形建構，掌握管道沿線 5 km 內的地形，重點掌握 800m 內的三維地形，為管道安全管理提供決策依據。

❻ 站場傾斜攝影測量

站場傾斜攝影測量改變了航測遙感影像只能從豎直方向拍攝的偏限性，是站場三維建模的主要途徑。站場傾斜攝影測量透過紅鵬六旋翼無人機對站場進行多視角資訊採集，記錄航高、航速、航向及座標等參數，採用 GPS-RTK 方法完成站場像控點測量，對原始照片及像控點成果進行品質檢查，並處理內業資料，建構站場的三維傾斜模型、站場三維地形及站內建（構）築物、設備設施等。

6.5.3　研究成果及應用拓展

❶ 研究成果

中緬油氣管道透過數位化恢復形成管道資料資產庫，建構數位孿生體，為管道運行、維護提供基礎資料，為真實管道系統與虛擬管道系統的資訊交互融合提供了新的技術手段。

（1）線路資料資產庫。

線路資料資產庫將多源異構 GIS、BIM（Building Information Modeling）、MIS（Management Information System）、CAD 等資料整合於一體，採用 C/S（Client/Server）、B/S（Browser/Server）、移動端 App 混合架構，在用戶端展示管道周邊基礎地理資訊資料、環境資料及管道本體屬性資料，提供快捷查詢功能。

透過線路資料資產庫，可查詢管道周邊的社會依託情況、敏感區資料等基礎地理資訊；在同一地圖中載入施工圖設計中線、竣工中線等，直觀對比不同階段路由變化情況並分析其原因；定位指定焊口的位置，查詢焊口編號、焊口前後管段的防腐資訊、彎頭情況、管道埋深資訊；定位穿跨越的位置，查詢穿跨越方式、保護形式等資訊；定位水工保護的位置、材質、尺寸參數，並結合周邊地形、水系資訊，評價水工保護的效能。線路資料資產庫為高後果區識別、管道巡線管理提供資料來源，為管道維運提供多元化的基礎資料服務。

（2）站場數據資產庫。

站場資料資產庫為管道運行、維護、設備管理系統等提供基礎資料，將三維模型、二維圖紙、結構化資料與非結構化文件相關聯，實現資料的互動、共用。採用關係型數據庫儲存，以硬體即是服務的雲模式作為硬體載體，有資料獲取、資料處理、資料應用三層架構，具備擴展性和標準化服務介面。實現三維模型展示、資料查詢及文件檢索等功能，為智慧管道應用提供資料支撐。融合站場傾斜攝影測量、三維雷射點雲、三維資料模型，可直觀瀏覽站場的實景及建築物外觀。

以保山站的數位化恢復成果為例，資產庫收集站場圍牆外 50 m 的周邊環境資料及站內工藝、儀錶、電力、通訊、建築、總圖、陰

保、熱工、暖通、消防、給排水等資料，恢復地上工藝設備、建築物模型和地下建築物基礎、管纜，建立資料、模型與非結構化文件的關聯關係，實現「平面圖、流程圖、單管圖」等結構化文件的相互參照。

❷ 應用拓展

（1）多系統融合。

多系統融合，深入發掘資料價值，消除資訊孤島。使用 PaaS 平台服務理念，基於資料層展示基礎層，為各類系統的資料掛載顯示及應用對接、應用拓展提供平台和支援。

將數位孿生體與 SCADA 系統、視頻監視系統相融合，完成即時生產資料和視頻監視資料的掛載顯示，實現視覺化運行管理（見圖 6-10）；透過採用 http 訊息互連、服務互連的方式與 ERP 系統、設備管理系統相融合，結合三維成果，完成設備拆解、模擬培訓應用開發，為員工提供培訓、教學等服務；基於資料恢復，打造適合智慧管道運行的生產運行管理系統；與地災監測預警系統平台相結合，利用管道本體資料、高後果區及地災點，實現監測資料的即時動態分析與預警，形成地質災害綜合資訊一體化應用，為災害的風險預判、後期治理提供輔助決策。

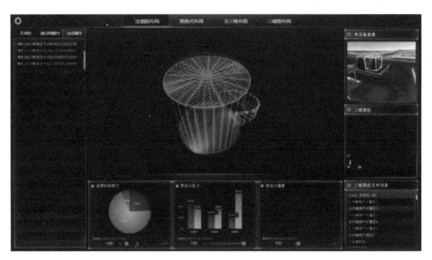

圖 6-10　儲罐三維圖

（2）指導維檢修和應急搶險。

　　在維檢修作業時，管道數位孿生體可以透過管道高程、埋深及管材等資訊為線路動火和封堵作業時排油方案的制定提供資料支撐；在開挖作業時，便於直觀識別地下管纜等隱蔽工程的位置；結合線上監測及遠端故障診斷等技術，可實現基於風險與可靠性的預防性維檢修計畫；透過三維展示成果，可模擬設備拆解，制定設備維護維修方案。

　　在應急管理中，依據應急搶修流程，將應急方案中的步驟數位化，連結資料查詢、路徑分析、緩衝區分析等操作，制定應急處置數位化方案；模擬應急事故點，按照方案中的流程，逐項推演，驗證數位化應急方案是否滿足應急搶險需求；針對不同輸送介質管道

實現管道爆炸影響範圍、油品污染河流路徑、緩衝區分析等自動化分析，建立事故災害影響分析模型；基於數位化恢復的水系及面狀水域資訊，進一步建構洩漏擴散模型，分析油品洩漏事故水體污染演變情況及應急措施 [28]。

28　熊明，等：《數位孿生體在國內首條在役油氣管道的建構與應用》，《油氣儲運》第 2019 年第 38 期。

Note

7

數位孿生技術
面臨的挑戰與
發展趨勢

7.1 | 數位孿生技術發展的新趨勢

　　數位孿生顯然要數位化，它是科技發展時代的必然產物，是為了更好、更高效地管控生產、製造、應用等全生命週期管理的一項基於物理實體空間與虛擬空間融合鏡像的必然技術。隨著相關理論技術的不斷拓展與應用需求的持續升級，數位孿生的發展與應用呈現出如表 7-1 所示的 6 個方面的新趨勢。

▶ 表 7-1　數位孿生技術發展的新趨勢

數位孿生技術的需求發展新趨勢	
1	應用領域擴展需求
2	與新的 IT 技術深度融合需求
3	資訊物理融合資料需求
4	智慧服務需求
5	普適工業互連需求
6	動態多維、多時空尺度模型需求

7.1.1　應用領域擴展需求

　　數位孿生提出初期主要面向軍工及航空航太領域需求，是為了解決物理實體空間技術難以即時觸及管控、監測的問題，近年來逐步向民用領域拓展。例如，數位孿生在電力、汽車、醫療、船舶、

油氣勘探、建築、生產製造等多個領域均有應用需求，且市場前景
廣闊。而在這些相關領域應用過程中所需解決的首要挑戰，是如何
根據不同的應用物件與業務需求創建對應的數位孿生模型。而由於
缺乏通用的數位孿生模型與創建方法的指導，嚴重阻礙了數位孿生
在相關領域進行落地應用。

隨著 5G 技術、無人機監測、紅外線監測、電腦軟硬體等方面
技術的不斷優化，同時伴隨著各國對物聯網或工業網際網路技術的
重視，在產業自需求的內生動力推動下，必然會培育出一批數位孿
生方面的技術工程人員。而這些技術與人才的不斷探索、應用、修
正，將在可以預見的短時間內推動數位孿生成為工業網際網路時代
的一項應用技術。

7.1.2　與新的 IT 技術深度融合需求

數位孿生的落地應用離不開新的 IT 技術的支援（見表 7-2）。

▶ 表 7-2　新的 IT 技術對數位孿生的落地應用的支援

基於物聯網的虛實互連與整合	
1	基於物聯網的虛實互連與整合
2	基於雲端模式的數位孿生資料儲存與共享服務
3	基於大數據與人工智慧的資料分析、融合、及智慧決策
4	基於虛擬現實（VR）與增強現實（AR）的虛實映射與視覺化顯示

數位孿生必須與新的 IT 技術深度融合才能實現資訊物理系統的整合、多源異構資料的「採、傳、處、用」，進而實現資訊物理資料的融合、支援虛實雙向連接與即時互動，展開即時過程仿真與優化，提供各類按需使用的智慧服務。

關於數位孿生與新的 IT 技術的融合在當前已有不少相關研究報導，如基於「雲、霧、邊」的數位孿生三層架構、數位孿生服務化封裝方法、數位孿生與大數據融合驅動的智慧製造模式、基於資訊物理系統的數位孿生參考模型及 VR/AR 孿生虛實融合與互動等。

目前，在數位孿生應用落地的過程中，需要配套拓展的相關技術越來越多、越來越成熟，無論是硬體的應用支援技術，還是基於軟體、模型的相關運算、監管技術等，都在不同層面推動數位孿生在各領域的落地應用。

7.1.3　資訊物理融合資料需求

資料驅動的智慧是當前國際學術前沿與應用過程智慧化的發展趨勢，如數據驅動的智慧製造、設計、運行維護、仿真優化等。資訊物理融合資料需求的相關研究如表 7-3 所示。

資料也是數位孿生的核心驅動力，與傳統數位化技術相比，除了資訊資料與物理資料之外，數位孿生更強調資訊物理融合資料，透過資訊物理資料的融合來實現資訊空間與物理空間的即時互動、

一致性與同步性，從而提供更加即時精準的應用服務。從目前的技術發展來看，數位採集技術甚至可以說各種複雜物理實體空間的資料獲取技術越來越成熟。5G 技術的普及將進一步解決資料獲取，實現資訊空間與物理空間的即時互動、一致性與同步性問題，虛實雙向的即時性在技術層面已經有了基本保障。

▶ 表 7-3　資訊物理融合資料需求的相關研究

與資訊物理融合資料需求相關的研究	
1	主要依賴資訊空間的資料進行資料處理、仿真分析、虛擬驗證、及運行決策等，缺乏應用實體對象的物理實況小數據（如設備即時運行狀態、突發性擾動資料、瞬態異常小資料等）的考慮與支援，存在「仿而不真」的問題。
2	主要依賴應用實體對象實況資料開展「望聞問切」經驗式的評估、分析與決策，缺乏資訊大數據（如歷史統計資料、時空關聯資料、隱性知識資料等）的科學支援，存在「以偏概全」的問題。
3	雖然有部分工作同時考慮和使用了資訊資料與物理資料，能在一定程度上彌補上述不足，但實際執行過程中兩種資料往往是孤立的，缺乏全面互動與深度融合，資訊物理一致性與同步性差，結果的即時性、準確性有待提升。

7.1.4　智慧服務需求

隨著應用領域的拓展，數位孿生必須滿足不同領域、不同層次的使用者（如終端現場操作人員、專業技術人員、管理決策人員及產品終端使用者等）、不同業務的智慧服務需求（見表 7-4）。

▸ 表 7-4　與智慧服務需求相關的研究

與智慧服務需求相關的研究
1	虛擬裝配、設備維護、工藝除錯等物理現場操作指導服務需求。
2	複雜生產任務動態優化調度、動態製造過程仿真、複雜工藝自優化配置、設備控制策略自適應調整等專業化技術服務需求。
3	資料視覺化、趨勢預測、需求分析與風險評估等智慧決策服務需求。
4	面向產品終端使用者功能體驗、沉浸式互動、遠端操作等「傻瓜式」和便捷式服務需求。

因此，如何實現數位孿生應用過程中所需的各類資料、模型、演算法、仿真、結果等的服務化，以應用軟體或移動端 App 的形式為使用者提供相應的智慧服務，是發展數位孿生面臨的又一難題。

可以預見，隨著智慧製造的發展，網際網路創業將從之前相對單一的「虛擬」商業創業向製造業或者說向智慧製造與高端製造方向轉移，基於物聯網技術的產業風口正在形成，這將在一定程度上促進數位孿生相關服務研究、應用的拓展。

7.1.5　普適工業互連需求

普適工業互連（包括物理實體間的互連與協作，物理實體與虛擬實體的虛實互連與互動，物理實體與資料 / 服務間的雙向通訊與閉環控制，虛擬實體、資料及服務間的整合與融合等）是實現數位孿生虛實交互與融合的基石，如何實現普適的工業互連是數位孿生應用的前提。

目前，部分研究已開始探索面向數位孿生的即時互連方法，包括面向智慧製造多源異構資料即時採集與整合的工業網際網路 Hub（II Hub）、基於 Automation ML 的資訊系統即時通訊與資料交換、基於 MT Connect 的現場物理設備與模型及使用者的遠端互動，以及基於中介軟體的物理實體與虛擬實體的互連互通等。5G 技術的發展將在一定程度上有效解決虛實雙向資訊互動的管道問題。

7.1.6 動態多維、多時空尺度模型需求

模型是數位孿生落地應用的引擎。當前針對物理實體的數位化建模主要集中在對幾何與物理維度模型的建構上，缺少能同時反映物理實體物件的幾何、物理、行為、規則及約束的多維動態模型的建構。

而在不同維度上，缺少從不同空間尺度來刻畫物理實體不同細微性的屬性、行為、特徵等的「多空間尺度模型」，同時缺少從不同時間尺度來刻畫物理實體隨時間推進的演化過程、即時動態運行過程、外部環境與干擾影響等的「多時間尺度模型」。

此外，從系統的角度出發，缺乏不同維度、不同空間尺度、不同時間尺度模型的整合與融合。模型不充分、不完整的問題，導致現有虛擬實體模型不能真實客觀地描述和刻畫物理實體，從而導致相關結果（如仿真結果、預測結果、評估及優化結果）不夠精準 [29]。

---

29 陶飛，等：《數位孿生五維模型及十大領域應用》，《電腦整合製造系統》2019 年第 25 期。

　　因此，由於數位孿生是一項相對新的技術，尤其在向民用領域的拓展過程中，由於缺乏物理空間多維度應用的相關模型與資料，如何建構動態多維、多時空尺度模型，是數位孿生技術目前發展與實際應用面臨的科學挑戰。

7.2 | 數位孿生的五維模型

為適應新趨勢與新需求，解決數位孿生應用過程中遇到的難題，讓數位孿生能夠在更多領域落地應用，北京航空航太大學數位孿生技術研究團隊對已有的數位孿生的三維模型進行了擴展，增加了孿生資料和服務兩個新維度，創造性地提出了數位孿生五維模型的概念，並對數位孿生五維模型的組成架構及應用準則進行了研究。[30]

數位孿生五維模型如下公式所示：

$$M_{DT} = (PE，VE，Ss，DD，CN)$$

公式中：PE 表示物理實體，VE 表示虛擬實體，Ss 表示服務，DD 表示孿生資料，CN 表示各組成部分間的連接。

根據上式，數位孿生五維模型結構如圖 7-1 所示。

數位孿生五維模型能滿足上節所述的數位孿生應用的新需求。

30　陶飛，等：《數位孿生五維模型及十大領域應用》，《電腦整合製造系統》2019年第 25 期。

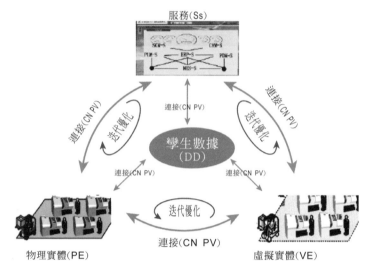

圖 7-1　數位孿生五維模型結構示意圖

　　首先，M_{DT} 是一個通用的參考架構，能適用於不同領域的不同應用物件。其次，它的五維結構能與物聯網、大數據、人工智慧等新的 IT 技術整合與融合，滿足資訊物理系統整合、資訊物理資料融合、虛實雙向連接與互動等需求。最後，孿生資料整合融合了資訊資料與物理資料，滿足資訊空間與物理空間的一致性與同步性需求，能提供更加準確、全面的全要素 / 全流程 / 全業務資料支援。

　　服務（Ss）在數位孿生應用過程中面向不同領域、不同層次使用者、不同業務所需的各類資料、模型、演算法、仿真、結果等進行服務化封裝，並以應用軟體或移動端 App 的形式提供給使用者，實現對服務的便捷與按需使用。連接（CN）實現物理實體、虛擬實體、服務及資料之間的普適工業互連，從而支援虛實即時互連與融

合。虛擬實體（VE）從多維度、多空間尺度及多時間尺度對物理實體進行刻畫和描述。

7.2.1　物理實體（PE）

PE 是數位孿生五維模型的構成基礎，對 PE 的準確分析與有效維護是建立 M_{DT} 的前提。PE 具有層次性，按照功能及結構一般分為單元級（Unit）PE、系統級（System）PE 和複雜系統級（System of Systems）PE 三個層級。以數位孿生工廠為例，工廠內各設備可視為單元級 PE，是功能實現的最小單元；根據產品的工藝及工序，由設備組合配置構成的生產線可視為系統級 PE，可以完成特定零部件的加工任務；由生產線組成的工廠可視為複雜系統級 PE，是一個包括了物料流、能量流與資訊流的綜合複雜系統，能夠實現各子系統間的組織、協調及管理等。根據不同應用需求和管控細微性對 PE 進行分層，是分層建構 M_{DT} 的基礎。例如，針對單個設備建構單元級 M_{DT}，從而實現對單個設備的監測、故障預測和維護等；針對生產線建構系統級 M_{DT}，從而對生產線的調度、進度控制和產品品質控制等進行分析及優化；針對整個工廠，可建構複雜系統級 M_{DT}，對各子系統及子系統間的互動與耦合關係進行描述，從而對整個系統的演化進行分析與預測。

7.2.2 虛擬實體（VE）

VE 如下公式所示，包括幾何模型（Gv）、物理模型（Pv）、行為模型（Bv）和規則模型（Rv），這些模型能從多時間尺度、多空間尺度對 PE 進行描述與刻畫：

$$VE = (Gv，Pv，Bv，Rv)$$

公式中：Gv 為描述 PE 幾何參數（如形狀、尺寸、位置等）與關係（如裝配關係）的三維模型，與 PE 具備良好的時空一致性，對細節層次的渲染可使 Gv 從視覺上更加接近 PE。Gv 可利用三維建模軟體（如 SolidWorks、3D MAX、ProE、AutoCAD 等）或儀器設備（如三維掃描器）來創建。

Pv 在 Gv 的基礎上增加了 PE 的物理屬性、約束及特徵等資訊，通常可用 ANSYS、ABAQUS、Hypermesh 等工具從宏觀及微觀尺度進行動態的數學近似模擬與刻畫，如結構、流體、電場、磁場建模仿真分析等。

Bv 描述了不同細微性、不同空間尺度下的 PE 在不同時間尺度下的外部環境與干擾，以及內部運行機制共同作用下產生的即時回應及行為，如隨時間推進的演化行為、動態功能行為、性能退化行為等。

創建 PE 的行為模型是一個複雜的過程，涉及問題模型、評估模型、決策模型等多種模型的建構，可利用有限狀態機、瑪律可夫鏈、神經網路、複雜網路、基於本體的建模方法進行 Bv 的創建。

Rv 包括基於歷史關聯資料的規律規則、基於隱性知識總結的經驗，以及相關領域標準與準則等。

這些規則隨著時間的推移自增長、自學習、自演化，使 VE 具備即時的判斷、評估、優化及預測的能力，從而不僅能對 PE 進行控制與運行指導，還能對 VE 進行校正與一致性分析。Rv 可透過整合已有的知識獲得，也可利用機器學習演算法不斷挖掘產生新規則。

透過對上述四類模型進行組裝、整合與融合，從而創建對應 PE 的完整 VE。同時透過模型校核、驗證和確認（VV&A）來驗證 VE 的一致性、準確度、靈敏度等，保證 VE 能真實映射 PE。

此外，可使用 VR 與 AR 技術實現 VE 與 PE 虛實疊加及融合顯示，增強 VE 的沉浸性、真實性及互動性，虛擬實體 VE 將會成為數位孿生應用過程中的一個關鍵呈現於互動介面。

7.2.3 服務（Ss）

Ss 是指對數位孿生應用過程中對所需的各類資料、模型、演算法、仿真、結果進行服務化封裝，以工具元件、中介軟體、模組引擎等形式支撐數位孿生內部功能運行與實現的「功能性服務（FService）」，以及以應用軟體、移動端 App 等形式滿足不同領域、不同用戶、不同業務需求的「業務性服務（BService）」，其中 FService 為 BService 的實現和運行提供支撐。FService 的主要內容如表 7-5 所示。

▶ 表 7-5　FService 的主要內容

FService 的內容	
1	**面向 VE 提供的模型管理服務** 建模仿真服務、模型組裝與融合服務、模型 VV&A 服務、模型一致性分析服務等。
2	**向 DD 提供的資料管理與處理服務** 資料儲存、封裝、清洗、關聯、探勘、融合等服務。
3	**面向 CN 提供的綜合連接服務** 資料採集服務、感知接入服務、資料傳輸服務、協定服務、介面服務等。

　　BService 的主要內容如表 7-6 所示。

▶ 表 7-6　Bservice 的主要內容

Bservice 的內容	
1	**面向終端現場操作人員的操作指導服務** 虛擬裝配服務、設備維修維護服務、工藝培訓服務。
2	**面向專業技術人員的專業化技術服務** 能耗多層次多階段仿真評估服務、設備控制策略自適應服務、動態優化調度服務、動態過程仿真服務等。
3	**面向管理決策人員的智慧決策服務** 需求分析服務、風險評估服務、趨勢預測服務等。
4	**面向終端使用者的產品服務** 使用者功能體驗服務、虛擬培訓服務、遠端維修服務等。這些服務對於使用者而言是一個遮罩了數位孿生內部異構性與複雜性的黑箱，透過應用軟體、移動端 APP 等形式向使用者提供標準的輸入輸出，從而降低數位孿生應用實踐中對使用者專業能力與知識的要求，實現便捷的按需使用。

7.2.4 孿生數據（DD）

DD 是數位孿生的驅動。如下公式所示，DD 主要包括 PE 資料（Dp），VE 資料（Dv），Ss 資料（Ds），知識資料（Dk）及融合衍生資料（Df）：

$$DD = (Dp，Dv，Ds，Dk，Df)$$

公式中：Dp 主要包括體現 PE 規格、功能、性能、關係等的物理要素屬性資料與反映 PE 運行狀況、即時性能、環境參數、突發擾動等的動態過程資料，可透過感測器、嵌入式系統、資料獲取卡等進行採集；Dv 主要包括 VE 相關資料，如幾何尺寸、裝配關係、位置等幾何模型相關資料，材料屬性、載荷、特徵等物理模型相關資料，驅動因素、環境擾動、運行機制等行為模型相關資料，約束、規則、關聯關係等規則模型相關資料，以及基於上述模型展開的過程仿真、行為仿真、過程驗證、評估、分析、預測等的仿真資料；Ds 主要包括 FService 的相關資料（如演算法、模型、資料處理方法等）與 BService 的相關資料（如企業管理資料，生產管理資料，產品管理資料、市場分析資料等）；Dk 包括專家知識、行業標準、規則約束、推理推論、常用演算法庫與模型庫等；Df 是對 Dp、Dv、Ds、Dk 進行資料轉換、預處理、分類、關聯、整合、融合等相關處理後得到的衍生資料，透過融合物理實況資料與多時空關聯資料、歷史統計資料、專家知識等資訊資料得到資訊物理融合資料，從而反映更加全面與準確的資訊，並實現資訊的共用與增值。

7.2.5 連接（CN）

CN 實現 M_{DT} 各組成部分的互連互通。如下公式所示，CN 包括 PE 和 DD 的連接（CN_PD）、PE 和 VE 的連接（CN_PV）、PE 和 Ss 的連接（CN_PS）、VE 和 DD 的連接（CN_VD）、VE 和 Ss 的連接（CN_VS）、Ss 和 DD 的連接（CN_SD）：

CN = (CN_PD，CN_PV，CN_PS，CN_VD，CN_VS，CN_SD)

公式中：

（1）CN_PD 實現 PE 和 DD 的互動。

可利用各種感測器、嵌入式系統、資料獲取卡等對 PE 資料進行即時採集，透過 MTConnect、OPC-UA、MQTT 等協定規範傳輸至 DD；相應地，DD 中經過處理的資料或指令可透過 OPC-UA、MQTT、CoAP 等協定規範傳輸並回饋給 PE，實現 PE 的運行優化。

（2）CN_PV 實現 PE 和 VE 的互動。

CN_PV 與 CN_PD 的實現方法與協定類似，採集的 PE 即時資料傳輸至 VE，用於更新校正各類數位模型；採集的 VE 仿真分析等資料轉化為控制指令下達至 PE 執行器，實現對 PE 的即時控制。

（3）CN_PS 實現 PE 和 Ss 的互動。

同樣地，CN_PS 與 CN_PD 的實現方法及協定類似，採集的 PE
即時資料傳輸至 Ss，實現對 Ss 的更新與優化；Ss 產生的操作指
導、專業分析、決策優化等結果以應用軟體或移動端 App 的形
式提供給用戶，透過人工作業實現對 PE 的調控。

（4）CN_VD 實現 VE 和 DD 的互動。

透過 JDBC、ODBC 等資料庫介面，一方面將 VE 產生的仿真及
相關資料即時儲存到 DD 中，另一方面即時讀取 DD 的融合資
料、關聯資料、生命週期資料等驅動動態仿真。

（5）CN_VS 實現 VE 和 Ss 的互動。

可透過 Socket、RPC、MQSeries 等軟體介面實現 VE 與 Ss 的雙向
通訊，完成直接的指令傳遞、資料收發、訊息同步等。

（6）CN_SD 實現 Ss 和 DD 的互動。

與 CN_VD 類似，透過 JDBC、ODBC 等資料庫介面，一方面將
Ss 的資料即時儲存到 DD，另一方面即時讀取 DD 中的歷史資
料、規則資料、常用演算法及模型等支援 Ss 的運行與優化[31]。

---

31 陶飛，等：《數位孿生五維模型及十大領域應用》，《電腦整合製造系統》2019
  年第 25 期。

7.3 │ 數位孿生五維模型的十五大應用領域

　　數位孿生是近年來興起的非常前沿的新技術，或者說最近幾年才走入民用領域的一項技術。對數位孿生的簡單理解就是利用物理模型並使用感測器獲取資料的仿真過程，在虛擬空間中完成映射，以反映相對應的實體的全生命週期過程；數位孿生技術。可以理解為透過感測器或者其他形式的監測技術，將物理實體空間藉助於電腦技術手段鏡像到虛擬世界的一項技術。可以說，在未來，物理世界中的各種事物都將可以使用數位孿生技術進行複製。

　　在工業領域，透過數位孿生技術的使用，將大幅推動產品在設計、生產、維護及維修等環節的變革。在對數位孿生技術研究探索的基礎上，可以預見其即將在以下幾大領域中落地，並將推動這些產業更快、更有效地發展，如五維模型在衛星／空間通訊網路、船舶、車輛、發電廠、飛機、複雜機電裝備、自動化倉儲、醫療、製造工廠、智慧城市、智慧家居、智慧物流、建築、遠端監測、人體健康管理領域中產生巨大影響與改變。

7.3.1　衛星 / 空間通訊網路

　　近年來，隨著衛星技術的快速發展，衛星通訊技術及其應用取得了較大進步。空間資訊網路作為衛星網路的進一步延伸，將衛星

網路、各種空間太空飛行器和地面寬頻網路聯繫起來，形成智慧化
體系，具有巨大的研究意義和應用前景。空間資訊網路由於節點及
鏈路動態時變、網路時空行為複雜、業務類型差異巨大的特點，導
致在網路模型建構、網路節點管控、動態組網機理、時變網路傳輸
等方面對網路建設提出了重大挑戰。將數位孿生技術引入空間通訊
網路建構中，參照數位孿生五維模型，建構數位孿生衛星（單元
級）、數位孿生衛星網路（系統級）及數位孿生空間資訊網路（複雜
系統級），建置數位孿生空間資訊網路管理平台（見圖 7-2），可實
現衛星的全生命週期管控、時變衛星網路優化組網及空間資訊網路
建構與優化。

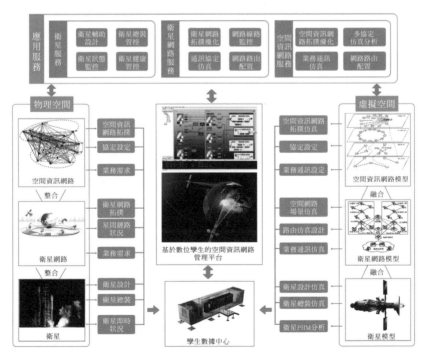

圖 7-2　數位孿生空間資訊網路管理平台

❶ 數位孿生衛星

衛星作為高成本的複雜航太產品，其設計、總裝等過程一直存在數位化程度低、智慧水準低等問題，同時，衛星入軌後，其健康監控與維修維護也是一項難以解決的技術難題。將數位孿生技術引入衛星全生命週期中，可實現如表 7-7 所示的三個方面的應用。

▶ 表 7-7　數位孿生在衛星全生命週期中的應用

數位孿生在衛星全生命週期中的應用
1　藉助孿生模型與仿真，輔助衛星的三維設計與驗證。
2　結合設計模型與數位孿生總裝平台，實現總裝數位化、智慧化。
3　基於數位孿生的衛星故障預測與健康管理，藉助感測器資料及運行資料，結合模型與算法，實現衛星的遠端監控、狀況評估、預測故障發生、定位故障原因並製定維修策略。

❷ 數位孿生衛星網路

衛星網路節點高速運行、鏈路動態變化，對衛星網路拓撲結構時變重構提出了極高的要求。建構數位孿生衛星時變網路，是藉助高擬真的網路模型和相關協定、演算法，結合衛星當前狀態資料、歷史資料及相關專家知識庫，建立與實際衛星網路鏡像映射的虛擬網路，並以此實現對網路行為的高精度仿真，即時輔助衛星網路拓撲的建構。

❸ 數位孿生空間資訊網路

在衛星時變網路組網的基礎上，整合相關資源，建置數位孿生空間資訊網路平台，能夠實現對整個網路狀態與資訊的即時監控，並藉助相關協定模型、演算法及仿真工具，對網路場景與通訊行為進行仿真，進而對空間資訊網路實現路由預設置、資源預分配、設備預維護，實現空間資訊網路的建構與優化。

7.3.2 船舶

面對全球製造業產業轉型升級趨勢，設計能力落後、維運管控數位化水準低、配套產業發展滯後等問題仍制約著船舶行業的發展。如圖 7-3 所示，將數位孿生技術與船舶工業相結合，參照數位孿生五維模型，展開基於數位孿生的船舶設計、製造、維運、使用等全生命週期一體化管控，是解決上述問題的有效手段。

❶ 基於數位孿生的船舶精細化設計

當前船舶設計存在如表 7-8 所示的不足。

▶ 表 7-8　當前船舶設計存在的不足

當前船舶設計存在的不足	
1	缺乏完整、充分、有效的船舶全生命週期資料支援，無法形成有效的知識庫輔助設計決策。
2	設計模型複雜，各學科模型難以統一。
3	缺乏精確的仿真方法，設計驗證困難、週期長。

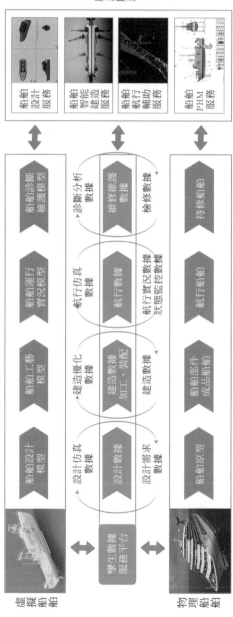

圖 7-3 數位孿生船舶全生命週期管控模型

　　針對上述問題將數位孿生技術引入船舶設計中，大量的船舶數位孿生資料能夠支援知識資料庫的建立，並輔助相關的建模工作的；採用數位孿生建模技術及模型融合理論，能夠為各學科模型的建構與融合提供解決構思；數位孿生的高擬真仿真環境，可以提高設計驗證能力、加快設計速度、提高設計精度。

❷ 基於數位孿生的船舶智慧建造

　　船舶建造的品質影響著產品的最終性能、品質、研製週期及成本。目前，船舶建造正在向數位化建造轉型，但仍存在著原型設計與工藝設計脫節、零件管理複雜、二維工藝文件直觀性差等問題。建置基於數位孿生的船舶智慧建造系統，將數位孿生船舶設計與工藝仿真結合，可以實現對現場的即時監控、數位化管理和工藝優化，同時以三維工藝檔的形式輔助工人操作，並將工人裝配經驗和知識轉化為知識庫，可用於後續的工藝指導和仿真訓練。

❸ 基於數位孿生的船舶輔助航行

　　船舶艙內資訊相對封閉，艙外環境複雜多變，航行時難以監控。同時，對於大型艦船，其航行運轉需要船內各個系統的配合，整體系統調度缺乏數位化統一管控。針對以上現狀，結合數位孿生技術建置船舶輔助航行平台，一方面可以採集即時資料，監控船舶各種的狀況，即時反饋給船員，另一方面能夠調度管控船舶各系統，並藉助相關優化策略，輔助船員控制航行。

④ 數位攣生驅動的船舶故障預測與健康管控

安全維運對船舶具有極其重要的意義，準確有效的維運方法能夠大幅提高船舶故障預測、健康管理的效率成本。

目前，對船舶整體結構的故障預測與健康管理的工作相對不足，既受限於即時資料的缺乏，同時在理論方法上也有著大量不足。基於數位攣生的船舶故障預測與健康管理，能夠基於動態即時資料的採集與處理，實現快速捕捉故障現象、準確定位故障原因，同時評估設備狀態，進行預測維修。

7.3.3 車輛

車輛作為人類最主要的交通工具，具有一個涵蓋材料科學、機械設計、控制科學等多學科的複雜系統。在多樣化的工作條件下，車輛的殼體材料、內部構造、零部件及功能等在工作過程中均可能出現異常狀況。不同的毀傷源（如碰撞、粉塵、外部攻擊等）會對車輛造成不同程度的影響，因此需要對車輛進行抗毀傷性能評估。

現階段對車輛抗毀傷性能評估一般採用物理模擬毀傷的方式，但是這種方式費用高且精度低、信賴水準差。參照數位攣生五維模型提出一種基於數位攣生技術的車輛抗毀傷評估方法，從材料、結構、零部件及功能等多維度對車輛的抗毀傷性能進行綜合評價。該系統的運行機制如圖 7-4 所示。

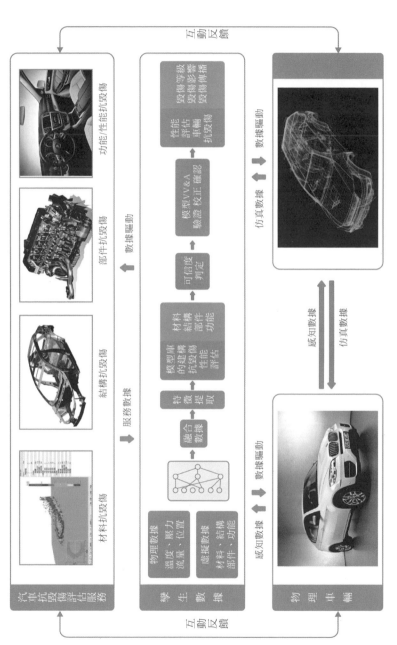

圖 7-4　數位孿生車輛抗毀傷性能評估

　　基於數位孿生的車輛抗毀傷性能評估是透過對實體車輛與虛擬車輛的即時資訊互動與雙向真實映射，實現物理車輛、虛擬車輛及服務的全生命週期、全要素、全業務資料的整合和融合，從而提供可靠的抗毀傷評估服務。數位孿生車輛由物理車輛、虛擬車輛、孿生資料、動態即時連接及服務部分組成。物理車輛由車輛本身及其感測系統共同組成，感測系統從車輛實體中採集毀傷相關資料並傳遞到虛擬空間，支援虛擬車輛的高精度仿真。物理資料與虛擬資料等進行融合，從而進行虛擬車輛抗毀傷性能的特徵提取並輔助模型的建構。虛擬模型是包含幾何模型、物理模型、行為模型及規則模型的多維度融合的高保真模型，能夠真實刻畫和映射物理車輛的狀態。動態即時連接是在現代資訊傳輸技術的驅動下，透過高效、快捷、準確的檢測技術，實現實體車輛、虛擬車輛、服務等之間的即時資訊互動。車輛抗毀傷性能評估是整合車輛的歷史資料及即時資料進行分析、處理、評估，從車輛的材料、結構、零部件、功能等方面進行多維度的綜合分析。

　　基於數位孿生車輛能夠實現對其材料性能、結構變化、零部件完整性及功能運行進行精確仿真，從而對車輛的抗毀傷狀態進行精準預測與可靠評估，使車輛的毀傷情況和抗毀傷性能得到更加全面和深入地反映。

　　此外，相關資料的積累能夠促進下一代車輛產品抗毀傷性能的改進和優化。

7.3.4　發電廠

　　火力發電是目前中國最主要的發電方式。由於火力發電廠需要長時間運行，並且工作環境複雜、溫度高、粉塵多，發電廠設備不可避免地會發生故障，因此實現發電廠設備健康平穩地運行，從而保證電力的穩定供給及電力系統的可靠與安全具有至關重要的意義。為了實現上述目標，北京必可測科技股份有限公司開發了基於數位孿生的發電廠智慧管控系統，如圖 7-5 所示，實現了汽輪發電機組軸系視覺化智慧即時監控、視覺化大型轉機線上精密診斷、地下管網視覺化管理及視覺化三維作業指導等應用服務。

❶　汽輪發電機組軸系視覺化智慧即時監控系統

　　該系統基於採集的汽輪機軸系即時資料、歷史資料及專家經驗等，在虛擬空間建構了高仿真度的軸系三維視覺化虛擬模型，從而能夠觀察汽輪機內部的運行狀態。該系統能夠對汽輪機狀態進行即時評估，從而準確預警並防止汽輪機超速、汽輪機斷軸、大軸承永久彎曲、燒瓦、油膜失穩等事故；幫助優化軸承設計、優化閥序及開度、優化運行參數，從而大幅提高汽輪發電機組的運行可靠度。

❷　視覺化大型轉機線上精密診斷系統

　　該系統基於建構的大型轉機虛擬模型及孿生資料分析結果，可以即時遠端地顯示裝置狀態、元件狀態、問題嚴重程度、故障描述、處理方法等資訊，能夠實現對設備的遠端線上診斷。工廠維運人員能夠存取線上系統報警所發出的電子郵件、頁面和動態網頁，並能夠透過線上運行的虛擬模型查看轉機狀態的詳細情況。

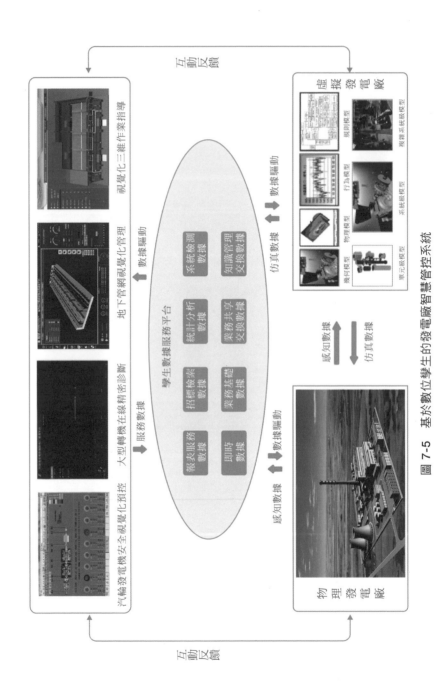

圖 7-5 基於數位孿生的發電廠智慧管控系統

❸ 地下管網視覺化管理系統

運用雷射掃描技術並結合平面設計圖，建立完整、精確的地下管網三維模型。該模型可以真實地顯示所有掃描部件、設備的實際位置、尺寸大小及走向，且可將管線的圖形資訊、屬性資訊及管道上的設備、連接頭等資訊進行輸入。基於該模型實現的地下管網視覺化系統不僅能夠三維地顯示、編輯、修改、更新地下管網系統，還可對地下管網有關圖形、屬性資訊進行查詢、分析、統計與檢索等。

❹ 視覺化三維作業指導系統

基於設備的即時資料、歷史資料、領域知識及三維雷射掃描技術等建立完整、精確的設備三維模型。該模型可以與培訓課程聯動，形成生動的培訓教材，從而幫助新員工較快掌握設備結構；可以與檢修作業指導書相關聯，形成三維作業指導書，規範員工的作業；可以作為員工培訓和考核的工具。

基於數位孿生的發電廠智慧管控系統實現了對關鍵設備的透視化監測、故障精密遠端診斷、視覺化管理及員工作業精準模擬等，能夠滿足設備的狀態監測、遠端診斷、維運等的各項需求，並實現了與用戶之間直觀的視覺化互動。

7.3.5　飛機

飛機整體設計是飛機研製的根基，現階段的飛機優化設計仍存在變數耦合度高、資料缺乏、指標獲取困難等問題。作為飛機重要的承受力與操縱性部件，起落架承受著靜態和動態的高負載，周而復始的工作更會對其結構產生破壞，如何實現對起落架的結構優化設計，對飛機的安全與可靠性有著重要意義。

如圖 7-6 所示，北航團隊與瀋陽飛機工業集團合作，以飛機起落架為例，參照數位孿生五維模型，探索了基於數位孿生的飛機起落架載荷預測輔助優化設計方法。

在飛機的著陸與滑跑過程中，起落架和飛機機身都將承受很大的衝擊載荷，其中垂直方向的衝擊載荷被認為是影響飛機起落架結構疲勞損傷的重要因素，對起落架的設計也發揮關鍵性輔助及指導作用。垂直衝擊載荷的影響因素眾多並相互耦合，其主要影響因素與載荷是一種複雜的非線性關係，傳統基於內部機制分析為基礎的建模方法很難建立起落架載荷的精確模型。將數位孿生技術應用於載荷預測，是在建立起落架數位孿生五維模型的基礎上，獲得與載荷密切相關的物理資料（如當量品質、垂直速度、攻角等）、虛擬資料（如緩衝壓力、緩衝器行程、效率係數等）及融合資料，並利用現有的資料融合方法，即可準確地預測載荷，從而預測衝擊載荷。隨後即可利用其進行起落架結構優化計算，最終透過結構優化達到減輕重量、提高可靠性、提高設計效率、降低設計成本等目標。

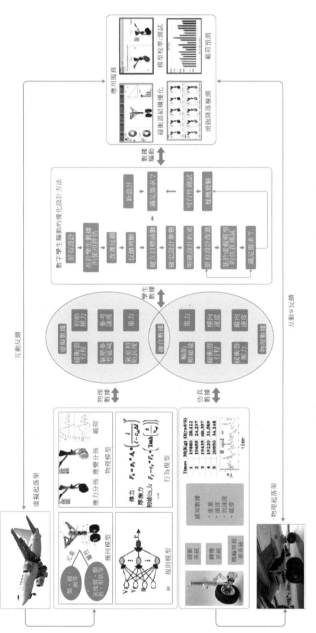

圖 7-6　數位孿生驅動的飛機起落架結構優化設計示意圖

在已存在的設計結構優化階段，可利用數位孿生對設計進行使用評估，並形成改進回饋。當與來自消費者的需求與意見結合後，若起落架迭代判斷無需優化則無需重新設計，若需要進行起落架結構更新則進行優化設計。傳統的優化設計過程主要分為建立目標函數、確定設計變數、明確設計約束等步驟，在此理論基礎上，結合數位孿生的特點，利用虛擬模型對已有設計進行迭代改進與測試。若滿足設計需求則最終形成新設計，若不滿足則重複進行優化設計步驟直至得到滿足設計需求且具有可行性的新設計。

採用數位孿生技術後，可綜合大量的試驗、實測、計算案例進行產品設計使用仿真，並將以往的真實測試環境參數融入起落架模型設計。對部分在傳統起落架結構優化設計中需大量人力、物力實驗才可測得的資料，可利用數位孿生模型進行準確而高效的計算，極大地簡化了迭代設計步驟並提升了設計效率。經過計算和分析後，若結構優化設計評估結果收斂，則可產生結構優化設計方案。

7.3.6 複雜機電裝備

複雜機電裝備具有結構複雜、運行週期長、工作環境惡劣等特點。實現複雜機電裝備的失效預測、故障診斷、維修維護，保證複雜機電裝備的高效、可靠、安全運行，對整個電力系統極為重要。故障預測與健康管理（Prognostics and Health Management，PHM）技術可利用各類感測器及資料處理方法，對設備狀態監測、故障預測、維修決策等進行綜合考慮與整合，從而提升設備的使用壽命與

可靠性。然而，現階段的 PHM 技術存在模型不準確、資料不全面、虛實交互不充分等問題，這些問題的根本是缺乏資訊物理的深度融合。將數位孿生五維模型引入 PHM 中，首先對物理實體建立數位孿生五維模型並校準，然後基於模型與互動資料進行仿真，對物理實體參數與虛擬仿真參數的一致性進行判斷，再根據二者的一致／不一致性，可分別對漸發性與突發性故障進行預測與識別，最後根據故障原因及動態仿真驗證進行維修策略的設計。該方法在風力發電機的健康管理上進行了應用探討，如圖 7-7 所示。

在物理風機的齒輪箱、電機、主軸、軸承等關鍵零部件上部署相關感測器可進行資料的即時採集與監測。基於採集的即時資料、風機的歷史資料及領域知識等可對虛擬風機的幾何、物理、行為、規則多維虛擬模型進行建構，實現對物理風機的虛擬映射。基於物理風機與虛擬風機的同步運行與互動，可透過物理與仿真狀態互動與對比、物理與仿真資料融合分析，以及虛擬模型驗證分別實現面向物理風機的狀態檢測、故障預測及維修策略設計等功能。這些功能可封裝成服務，並以應用軟體的形式提供給使用者。

基於數位孿生五維模型的 PHM 方法可利用連續的虛實交互、資訊物理融合資料，以及虛擬模型仿真驗證增強設備狀態監測與故障預測過程中的資訊物理融合，從而提升 PHM 方法的準確性與有效性。

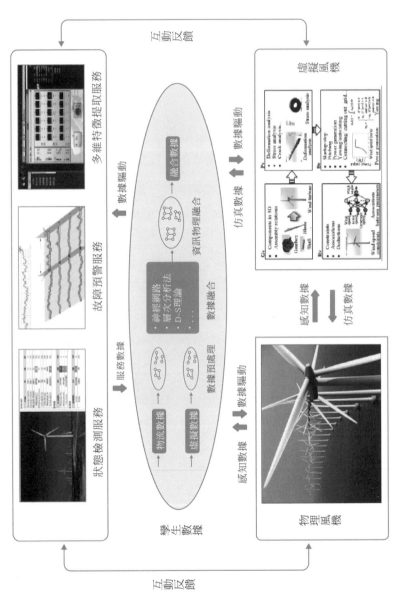

圖 7-7 基於數位孿生的風力發電機齒輪箱故障預測

7.3.7 自動化倉儲

自動化倉儲是一種利用高層立體貨架來實現高效的貨物自動存取的倉庫,由儲存貨架、出入庫設備、資訊管控系統組成,集倉儲技術、精準控制技術、電腦資訊管理系統於一身,是現代物流系統的重要組成部分。但目前用傳統方法設計的自動化倉儲仍然存在著出庫調度效率低、倉庫利用率低、輸送量有待提高等問題。

如圖 7-8 所示,基於數位孿生五維模型可為自動化倉儲的再設計優化、遠端維運及共用倉庫等問題提供有效解決方案。

❶ 基於數位孿生的自動化倉儲再設計優化

基於數位孿生的自動化倉儲設計是透過建立實體倉庫中各個設備的數位孿生五維模型,依託設計演示平台實現近物理的半實物仿真設計。利用該平台,可以對倉庫佈局進行三維圖像設計,同時基於貨架設備、運輸設備、機器人設備等進行半實物仿真驗證,並完成幾何建模、動作腳本編寫、指令介面與資訊介面定義,實現模組化封裝和定制模型介面設計。

❷ 基於數位孿生的自動化倉儲遠端維運

藉助自動化倉儲及其設備的數位孿生五維模型,建置面向使用者的遠端維運服務平台,可實現基於數位孿生的自動化倉儲遠端維運。透過建立與實體倉庫完全映射的虛擬模型,結合自動化倉儲的資料資訊及各類演算法,實現對自動化倉儲的即時模擬與優化仿

真，對倉庫進行即時狀態與資訊監控的同時，將貨存管理、貨位管理、費用管理、預警管理、預測性維護、作業調度等功能以軟體服務的形式提供給不同需求的使用者。

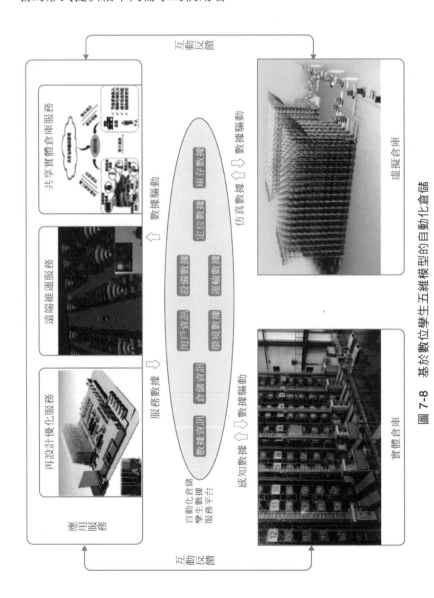

圖 7-8 基於數位孿生五維模型的自動化倉儲

❸ 基於數位孿生的共用實體倉庫

基於數位孿生的共用實體倉庫是連接倉儲資源供需的最佳化資源配置的一種新方式。共用實體倉庫首先將閒置的倉儲設施、搬運設備、貨物運輸、終端配送、物流人力等資源進行統一整合與彙集，然後上傳到共用倉庫服務管理雲端平台進行統一調度與管理，平台將這些資源以分享的形式按需提供給需要使用的企業和個人，以期達到效用均衡。共用實體倉庫不僅節省了企業和個人的資金投入，緩解了儲存壓力，還減少了投資風險。基於數位孿生的自動化倉儲設計，可以實現自動化倉儲的準確、快速設計，節約設計成本，便於倉庫的個性化定制，具有針對性；在設計過程中平台可接收即時傳輸的資料資訊，便於設計校對與更改，實現迭代優化設計；透過遠端維運服務平台可以遠端調度處理倉庫資訊，提高倉庫運行效率；共用實體倉庫可以實現資源的最大化有效利用，節省資源，降低成本。

7.3.8 醫療

隨著經濟的發展和生活水準的提高，人們越來越意識到健康的重要性。然而，疾病「預防缺」、患者「看病難」、醫生「任務重」、手術「風險大」等問題依然困擾著醫療服務的發展。

數位孿生技術的進步和應用使其成了改變醫療行業現狀的有效切入點。未來，每個人都將擁有自己的人體數位孿生體。如圖 7-9 所示，結合醫療設備數位孿生體（如手術床、監護儀、治療儀等）與醫

療輔助設備數位孿生體（如人體外骨骼、輪椅、心臟支架等），數位
孿生將成為個人健康管理、健康醫療服務的新平台和新實驗手段。

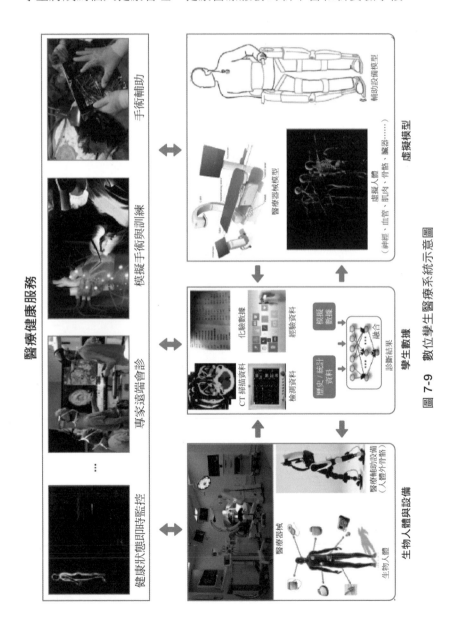

圖 7-9 數位孿生醫療系統示意圖

　　基於數位孿生五維模型，數位孿生醫療系統主要由以下部分組成。

❶ 生物人體

　　透過各種新型醫療檢測和掃描儀器及可穿戴設備，可對生物人體進行動靜態多來源資料採集。

❷ 虛擬人體

　　基於採集的多時空尺度、多維資料，透過建模可完美地複製出虛擬人體。其中，由幾何模型體現人體的外形和內部器官的外觀和尺寸；物理模型體現的是神經、血管、肌肉、骨骼等的物理特徵；生理模型體現的是脈搏、心率等生理資料和特徵；而生化模型是最複雜的，要以組織、細胞和分子的多空間尺度，甚至毫秒、微秒數量級的多時間尺度展現人體生化指標。

❸ 孿生數據

　　醫療數位孿生資料有來自生物人體的資料，包括 CT、核磁、心電圖、彩超等醫療檢測和掃描儀器檢測的資料，血常規、尿檢、生物酶等生化資料；有虛擬仿真資料，包括健康預測資料、手術仿真資料、虛擬藥物試驗資料等。此外，還有歷史／統計資料和醫療記錄等。這些資料融合產生診斷結果和治療方案。

❹ 醫療健康服務

基於虛實結合的人體數位孿生，醫療數位孿生提供的服務包括健康狀態即時監控、專家遠端會診、虛擬手術驗證與訓練、醫生培訓、手術輔助、藥物研發等。

❺ 即時資料連接

即時資料連接保證了物理虛擬的一致性，為診斷和治療提供了綜合資料基礎，提高了診斷準確性、手術成功率。

基於人體數位孿生，醫護人員可透過各類感知方式獲取人體動靜態多來源資料，以此來預判人體患病的風險及概率。依據回饋的資訊，人們可以及時瞭解自己的身體情況，從而調整飲食及作息。一旦出現病症，各地專家無需見到患者，即可基於數位孿生模型進行視覺化會診，確定病因並制定治療方案。當需要手術時，數位孿生協助術前擬訂手術步驟計畫；醫學實習生可使用頭戴顯示器在虛擬人體上預實施手術方案驗證，如同置身於手術場景，可以從多角度及多模組嘗試手術過程驗證可行性，並進行改進直到滿意為止。

藉助人體數位孿生還可以訓練和培訓醫護人員，以提高醫術技巧和成功率。在手術實施過程中，數位孿生可增加手術視角及警示危險，預測潛藏的出血隱患，有助於臨場的準備與應變。

此外，在人體數位孿生體上進行藥物研發，結合分子細胞層次的虛擬模擬進行藥物實驗和臨床實驗，可以大幅度降低藥物研發週

期。醫療數位孿生還有一個願景，即從孩子出生就可以採集資料，形成人體數位孿生體，伴隨孩子同步成長，作為孩子終生的健康檔案和醫療實驗體。

7.3.9 製造工廠

工廠是製造業的基礎單元，實現工廠的數位化和智慧化是實現智慧製造的迫切需要。隨著資訊技術的深入應用，工廠在資料即時採集、資訊系統建構、資料整合、虛擬建模及仿真等方面獲得了快速發展，在此基礎上，實現工廠資訊與物理空間的互聯互通與進一步融合將是工廠的發展趨勢，也是實現工廠智慧化生產與管控的必經之路。

將數位孿生技術引入工廠，目的是實現工廠資訊與物理空間的即時互動與深度融合。數位孿生工廠包括物理工廠、虛擬工廠、工廠服務系統、工廠孿生資料及兩兩之間的連接。在融合的孿生資料的驅動下，數位孿生工廠的各部分能夠實現迭代運行與雙向優化，從而使工廠管理、計畫與控制達到最佳。

❶ 數位孿生工廠設備健康管理

工廠的設備健康管理方法主要包括基於物理設備與虛擬模型即時互動與比對的設備狀態評估、資訊物理融合資料驅動的故障診斷與預測，以及基於虛擬模型動態仿真的維修策略設計與驗證等步驟。基於數位孿生技術，能夠實現對工廠設備性能退化的及時捕捉、故障原因的準確定位，以及維修策略的合理驗證。

② 數位孿生工廠能耗多維分析與優化

在能耗分析方面，資訊物理資料間的相互校準與融合可以提高能耗資料的準確性與完整性，從而支援全面的多維、多尺度分析；在能耗優化方面，基於虛擬模型即時仿真可透過對設備參數、工藝流程及人員行為等進行迭代優化來降低工廠能耗；在能耗評估方面，可以使用基於孿生資料探勘產生的動態更新的規則與約束對實際能耗進行多層次、多階段的動態評估。

③ 數位孿生工廠動態生產調度

數位孿生能提高工廠動態調度的可靠性與有效性。

（1）基於資訊物理融合資料能準確預測設備的可用性，從而降低設備故障對生產調度的影響。

（2）基於資訊物理即時互動，能對生產過程中出現的擾動因素（如設備突發故障、緊急插單、加工時間延長等）進行即時捕捉，從而及時觸發再調度。

（3）基於虛擬模型仿真可以在調度計畫執行前驗證調度策略，保證調度的合理性。

④ 數位孿生工廠過程即時控制

對生產過程進行即時全面的狀態感知，滿足虛擬模型即時自主決策對資料的需求，透過對控制目標的評估與預測產生相應的控制策略，並對其進行仿真驗證。當實際生產過程與仿真過程出現不一

致時，基於融合資料對其原因進行分析挖掘，並透過調控物理設備或校正虛擬模型實現兩者的同步與雙向優化。

7.3.10　智慧城市

城市是一個開放龐大的複雜系統，具有人口密度大、基礎設施密集、子系統耦合等特點。如何實現對城市各類資料資訊的即時監控，圍繞城市的頂層設計、規劃、建設、營運、安全、民生等多方面對城市進行高效管理，是現代城市建設的核心。

如圖 7-10 所示，藉助數位孿生技術，參照數位孿生五維模型，建構數位孿生城市，將極大改變城市面貌，重塑城市基礎設施，實現城市管理決策協同化和智慧化，確保城市安全、有序運行。

❶　物理城市

透過在城市天空、地面、地下、河道等各層面的感測器佈設，可對城市運行狀態的充分感知、動態監測。

❷　虛擬城市

透過數位化建模建立與物理城市相對應的虛擬模型，虛擬城市可模擬城市中的人、事、物、交通、環境等全方位事物在真實環境下的行為。

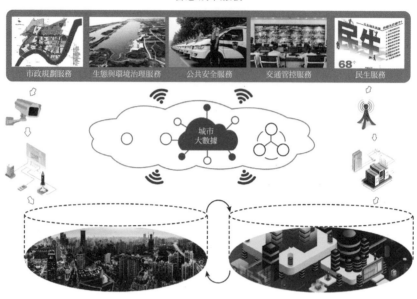

智慧城市服務

市政規劃服務　生態與環境治理服務　公共安全服務　交通管控服務　民生服務

圖 7-10　數位孿生城市示意圖

❸ **城市大數據**

根據城市基礎設施、交通、環境活動的各類痕跡，虛擬城市的模擬仿真及各類智慧城市服務記錄等彙聚成城市大數據，驅動數位孿生城市發展和優化。

❹ **虛實交互**

城市規劃、建設及民眾的各類活動，不但存在於物理空間中，而且在虛擬空間中得到了極大地擴充。虛實交互、協同與融合將定義城市未來發展新模式。

❺ 智慧服務

透過數位孿生對城市進行規劃設計，指引和優化物理城市的市政規劃、生態環境治理、交通管控，改善市民服務，賦予城市生活「智慧」。

中國政府將數位孿生城市作為實現智慧城市的必要途徑和有效手段，雄安新區在規劃綱要中明確指出要堅持數位城市與現實城市的同步規劃、同步建設，致力於將雄安打造為全球領先的數位城市。中國資訊通訊研究院成功舉辦了三次數位孿生城市研討會，研討數位孿生城市的內涵特徵、建設構思、整體框架、支撐技術體系等。阿里雲研究中心發佈《城市大腦探索「數位孿生城市」白皮書》，提出透過建立數位孿生城市，以雲端計算與大數據平台為基礎，藉助物聯網、人工智慧等技術手段，實現城市運行的生命體征感知、公共資源配置、宏觀決策指揮、事件預測預警等，賦予城市「大腦」。

此外，從國外比較具有代表性的探索來看，Cityzenith 為城市管理建置了「5D 智慧城市平台」，基於這個平台，城市基礎設施開發過程可以實現數位化及城市的數位化全生命週期管理。IBM Watson 展示了如何在城市建築中使用數位孿生來控制暖通空調系統並監測室內氣候條件，透過創建數位孿生建築來輔助管理能源並進行故障預測，並為技術人員提供維護、控制等服務支援 [32]。

32　陶飛，等：《數位孿生五維模型及十大領域應用》，《電腦整合製造系統》2019年第 25 期。

數位孿生技術是實現智慧城市的有效技術手段，藉助數位孿生技術，可以提升城市規劃品質和水準，推動城市設計和建設，輔助城市管理和運行，讓城市生活與環境變得更好。

7.3.11　智慧家居（見圖 7-11）

智慧家居在 5G 時代是一個必然的技術產物，也可以理解為智慧城市的一個終端「細胞」，這個「細胞」是一個獨立完整的個體組織。目前制約智慧家居的最大問題是「智慧不智」，這其中的關鍵因素就是建構的系統過於複雜，控制作業系統不能直觀互動，智慧設備的應用環境與設備運用無法有效監測，導致智慧家居系統不智慧。

圖 7-11　智慧家居

隨著家居用品智慧化越來越普及，需要一個中央管理系統對安全系統、電視網路、Wi-Fi、冰箱、太陽能、熱水器、廚房設備、暖氣 / 空調、車庫、門禁、水電煤等系統進行統一管理、控制、監測。以目前的技術來看，正是由於使用與管理的複雜性，制約了智慧家居產業的普及。

隨著數位孿生技術的介入，使用者所使用的物理實體居住空間及其所應用的設備藉助於數位孿生技術同步到虛擬空間中，並同步即時監測設備的運行，以及透過虛擬模型的呈現進行簡單、視覺化的互動操作。與此同時，使用者可以對環境及設備運行進行即時監測與管理，可以更有效地進行設備的維護，保障使用的可靠性與舒適性。

7.3.12　智慧物流（見圖 7-12）

未來的智慧產品都將分為兩類：一類是物理實體，一類是物理實體的數位孿生體。智慧可以體現在產品的實體中，也可以放到數位孿生體中。

物理實體與數位孿生體之間，藉助於 5G 等可靠性強的傳輸技術有效保障了虛實之間的即時呈現。在數位孿生體中，除了產品檔案，更多的是使用、監測、控制及維護的方法，當然還可以嫁接更多的功能。而數位孿生技術對於物流產業而言，將為智慧物流帶來重大的顛覆性創新。例如，在全程無人化智慧物流框架體系中，智慧貨架、搬運機器人、智慧揀選模組、無人裝車系統、無人卸車系統、無人卡車、無人機、配送機器人等物流智慧物件的物理實體與數位孿生體進行關聯，就能夠建設智慧物流系統控制平台，運算元字孿生體就能即時控制全程無人化智慧物流系統，還能即時瞭解它們的工作狀態，以及相關環節、部件的運作情況，方便今後的維修、追溯與使用。

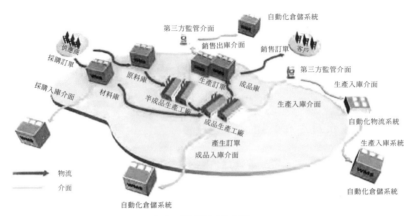

（a）智慧物流系統

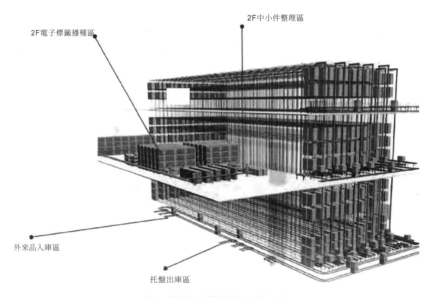

（b）製造行業智慧倉儲系統

圖 7-12 智慧物流

　　數位孿生不僅包括實體物流網路物品的數位化，更包含物流系統本身和作業流程及設備的數位化，甚至是物流貨物本身的虛擬化。數位孿生就像是數位化的雙胞胎，實行的是虛擬與現實即時、同步，也就是將物理實體空間發生的事藉助於數位孿生技術同步到虛擬空間中建構同樣的場景，由此為各方提供更便捷、更直觀的管控服務。數位孿生除了能夠即時、智慧地控制物流設備，意義更深遠的是，數位孿生模型能持續積累智慧物流設備與產品設計和製造相關的知識，不斷實現管理與調用，實現持續性改進設計與創新。

7.3.13　建築（見圖 7-13）

　　對於建築業，尤其是複雜建築領域，數位孿生技術將會成為其最核心的全過程應用技術。但數位孿生在建築領域的應用與其他領域的應用有部分區別，數位孿生在建築行業所採用的是反向技術，也就是說建築設計師先設計好虛擬的建築體，然後藉助數位孿生技術，即透過數位化掃描即時監測物理實體空間的施工，並將資料即時鏡像到數位孿生空間進行驗證。

　　簡單的理解就是先有虛擬空間，再藉助掃描技術即時監測物理實體空間的施工技術、工藝、進度等，透過數位孿生鏡像校驗物理實體空間的施工是否符合設施要求，是否產生了偏差，是否能夠有效、即時地管控建築實施的全過程，而不是施工後的事後驗收，藉助於數位孿生技術能夠從根本意義上有效防範施工偏差，保障工程全過程的有效性。可以說，建築行業將會是數位孿生技術的一個重要應用領域。

圖 7-13　建築行業

7.3.14　遠端監測（見圖 7-14）

　　未來，不論是大型工程設施還是工廠中的每個設備都擁有一個數位孿生體，也就是說都會藉助於數位孿生技術進行鏡像管理。透過數位孿生技術，我們可以精確地瞭解這些實體設備的運行方式，透過數位孿生模型與實體設備的無縫匹配，即時獲取設備監控系統的運行資料，從而實現故障預判和及時維修。

　　監控對於數位孿生技術而言，只是一個相對初級的應用階段，而數位孿生技術真正的價值在於虛實混合的控制，即藉助於數位孿生技術在虛擬空間中直接對物理實體空間進行控制與管理。正如

第 5 章中提到的智慧家居管理一樣，在工業與設備管理領域，甚至是未來的飛機駕駛都可以藉助數位孿生技術控制實體飛機的駕駛與飛行。透過數位模型，我們可以實現設備的遠端操控。未來，遠端輔助、遠端操作、遠端緊急命令都將因數位孿生技術的存在而成為管理的常用詞彙。

圖 7-14　遠端監測

7.3.15　人體健康管理

未來，每個人都將擁有自己的數位孿生體。從孩子出生的那一刻開始，在虛擬空間中有一個鏡像的「孩子」存在。人們藉助於各種新型醫療檢測和掃描儀器及可穿戴設備，不僅可以完美地複製出一個數位化身體，並可以追蹤這個數位化身體每一部分的運動與變化，從而更好地進行健康監測和管理。

　　不僅如此，我們每天攝取的食物、接觸的環境、工作的變化、情緒的波動都會被記錄在數位學生體中，而醫生與醫學研究人員則可以透過這些資料對我們的身體展開研究，包括環境與食物、藥物對我們身體健康狀況的影響等。當然還包括更為深入的腦機介面技術所衍生出的人類大腦的數位學生。我們可以藉助於腦機介面，透過數位學生技術即時呈現、控制、干預我們的大腦活動，包括一些由大腦神經引發的疾病，都可以藉助於數位學生技術得到更有效的診治。

　　當然，我們還可以藉助於數位學生技術讓人與人之間實現遠端的物理實體與虛擬空間的真實有效互動對話。在數位學生時代，「不論我在哪裡，我都將時刻陪伴在你身邊」將成為一種可能與現實。

　　數位學生技術將隨著該技術的不斷成熟與普及，拓展更多的應用領域，未來我們將會面對三個世界：一個是真實的物理世界，一個是數位學生的世界，一個是虛實交互的世界。儘管從當前來看，數位學生技術對於大多數人而言還是一項相對陌生的技術，但正如我們當前所面對的科技時代一樣，隨著技術的不斷更新迭代，數位學生將完全改變我們發現、認知和改造世界的方式。

CHAPTER

8 數位經濟產業政策

講到數位孿生，我們不能不提到的一個名詞是「數位經濟」，數位孿生是數位經濟產業的一個重頭戲。那什麼是「數位經濟」？

8.1 | 數位經濟的定義

2016 年 9 月，在 G20 杭州峰會上發佈的《二十國集團數位經濟發展與合作倡議》指出，數位經濟是指以使用數位化的知識和資訊作為關鍵生產要素、以現代資訊網路作為重要載體、以資訊通訊技術的有效使用作為效率提升和經濟結構優化的重要推動力的一系列經濟活動。

「數位經濟」中的「數位」根據數位化程度的不同，可以分為三個階段：資訊數位化、業務數位化及數位轉型。數位轉型是目前數位化發展的新階段，指數位化不僅能擴展新的經濟發展空間，促進經濟可持續發展，而且能推動傳統產業轉型升級，促進整個社會的轉型發展。

數位經濟是繼農業經濟、工業經濟之後，隨著資訊技術革命發展而產生的一種新的經濟形態，代表著經濟新的生命力，是創新經濟、綠色經濟，更是開放經濟、分享經濟。作為一種新的經濟形態，數位經濟已成為經濟增長的主要動力源泉和轉型升級的重要驅動力，同時也是全球新一輪產業競爭的制高點。

2019 年 4 月 18 日，中國資訊通訊研究院發佈的《中國數位經濟發展與就業白皮書（2019 年）》（以下簡稱《白皮書》）顯示，2018 年中國數位經濟規模達到 31.3 萬億元，同比增長了 20.9%，占 GDP 比重為 34.8%。產業數位化成為數位經濟增長主引擎。近年來，數位經濟增速及規模備受關注，原因就在於數位經濟發展速度顯著高於傳統經濟門類，也就是作為「新動能」的帶動作用明顯。同時，由於數位經濟成為一些地方經濟發展「換道超車」的重要推手，因此各省市數位經濟的規模、占比、增速成為各方關注的焦點。

8.2 | 全球主要國家和地區的數位經濟戰略與產業政策

　　越來越多的國家意識到數位經濟產業對於國家發展的重要戰略作用，因此推陳出新，跟隨科技發展制定出了許多保障和促進數位經濟產業健康快速發展的相關戰略和政策。

8.2.1 美國 — 基於「美國優先」的理念，力圖繼續鞏固美國數位經濟的優勢地位

　　2018 年，美國在數位經濟領域主要發佈了《資料科學戰略計畫》（見表 8-1）、《美國先進製造業領導力戰略》（見表 8-2）等，其中明確提到了促進數位經濟發展的相關內容。

▶ 表 8-1 《資料科學戰略計畫》

政策概要
發佈時間：2018 年 6 月 4 日 政策名稱：《資料科學戰略計畫》 發文機構：美國國立衛生研究院
政策目的
該戰略藉助機器學習、虛擬實境等新技術，管理國家生物醫學研究的大量資料，為推動生物醫學資料科學管理現代化指定路線圖。
政策內容
1.支援高效安全的生物醫學研究資料基礎設施建設。優化資料儲存，提升資料安全性，連接不同的資料系統。

（續下表）

政策內容
2. 促進資料生態系統的現代化建設。支援個人資料的儲存和共用,將臨床和科研資料整合到生物醫學資料科學中。
3. 推動先進資料管理、分析和視覺化工具的開發和使用。支援開發具有實用性和通用性,並且使用無障礙的工具和工作流程。
4. 加強生物醫學資料科學人才隊伍建設,制定相應政策推動資料科學管理可持續發展。

▶ 表 8-2　《美國先進製造業先進領導力戰略》

政策概要	
發佈時間:2018 年 10 月 5 日 政策名稱:《美國先進製造業領導力戰略》 發文機構:美國白宮	
政策目的	
該政策首次公開了美國政府確保未來美國佔據先進製造業領導地位的戰略規劃,旨在透過制定發展規劃擴大製造業就業、扶持製造業發展、確保強大的國防工業基礎和可控的彈性供應鏈,實現跨領域先進製造業的全球領導力,以保障美國國家安全和經濟繁榮。	
主要內容	**與數位經濟相關事項**
1. 梳理影響先進製造業創新和競爭力的因素,重點包括製造業與技術發展及市場導向緊密結合的趨勢,製造業技術發展及基礎設施建設,可靠的智慧財產權法律體系,有利於製造業的貿易政策,高水準的科學、技術、工程、數學教育及製造業的工業基礎。	在「抓住智慧製造系統的未來」戰略目標下,提出四個具體優先事項: 1. 智慧與數位製造。利用大數據分析和先進的感測和控制技術促進製造業的數位化轉型,利用即時建模、模擬和資料分析產品和工藝,制定智慧製造的統一標準。

（續下表）

主要內容	與數位經濟相關事項
2. 提出保障先進製造業領導地位的三大核心目標，即開發和轉化應用新製造技術；教育、培訓和集聚製造業勞動力；擴展國內製造業供應鏈的能力。針對每個核心目標，確定了若干個戰略目標及相應一系列具體優先事項。針對每個戰略任務還指定了負責參與實施的主要聯邦政府機構。 3. 強調要對引領世界製造業發展的關鍵領域進行重點支援，推動基礎研究到科研成果的轉移、轉化，在關鍵領域實現持續性技術創新和產業化應用。	2. 先進工業機器人。促進新技術和標準的開發以便更廣泛地採用機器人技術，促進安全和有效的人機互動。 3. 人工智慧基礎設施。制定人工智慧新標準並確定最佳實踐以提供一致的保障資料安全並尊重智慧財產權，優先為美國製造商研發資料存取、機密性、加密和風險評估的新方法。 4. 製造業的網路安全。制定標準、工具和測試平台，傳播在智慧製造系統中實施網路安全的指南。

8.2.2 德國 -- 制定高科技戰略，加強人工智慧戰略實施

2018 年，德國在數位經濟領域主要發佈了《人工智慧德國製造》（見表 8-3）、《高技術戰略 2025》（見表 8-4）等政策，明確提出將推動人工智慧技術的應用。

▶ 表 8-3 《人工智慧德國製造》

政策概要
發佈時間：2018 年 11 月 15 日 政策名稱：《人工智慧德國製造》 發文機構：德國聯邦政府

（續下表）

政策目的
該政策旨在將人工智慧的重要性提升到國家的高度，為人工智慧的發展和應用提出整體政策框架，並計畫在 2025 年前投入 30 億歐元用於該政策的實施，以促成經濟界、科研界及企業界對人工智慧的研發和應用，力爭縮小德國同美國、亞洲在軟體、創新方面的差距。
政策內容
該政策全面思考了人工智慧對社會各領域的影響，定量分析人工智慧給製造業帶來的經濟效益，強調利用人工智慧技術服務中小型企業，特別關注人工智慧在社會政策和勞動力方面的潛在影響和問題，同時提出五大突破領域，即機器證明和自動推理、基於知識的系統、模式識別與分析、機器人技術、智慧多模態人機互動。
主要舉措
1. 利用人工智慧打造德國的國家競爭力。建立由 12 個人工智慧研究中心組成的全國創新網路，規劃建設歐洲人工智慧創新集群，同時扶持初創企業和中小企業，為其提供數位技術、商業模式等方面的支援。 2. 利用人工智慧為公眾謀福利、造福環境和氣候。在環境和氣候領域啟動 50 個名為「燈塔應用」的示範專案。 3. 強調資料保護領域的法律和制度。聯合資料保護監管機構和商業協會，共同制定人工智慧系統的應用準則和相關法律，保護個人和企業的資料安全。

▶ 表 8-4　《高技術戰略 2025》

政策概要
發佈時間：2018 年 9 月 5 日 政策名稱：《高技術戰略 2025》 發文機構：德國聯邦內閣

（續下表）

政策目的
該政策為德國未來高技術發展的戰略框架，明確了德國未來 7 年研究和創新政策的跨部門任務、標誌性目標和重點領域，以「為人研究和創新」為主題，將研究和創新國家繁榮發展的目標，即可持續發展和持續提升生活品質相結合，並計畫投入 150 億歐元用於該政策的實施，旨在透過推動和促進德國科技的研究和創新應對挑戰，提高民眾生活品質，進一步穩固德國的創新強國地位。

主要舉措	與數位經濟相關事項
1. 應對社會重大挑戰，包括抗擊癌症、發展智慧醫學、大幅減少環境中的塑膠垃圾、啟動工業脫碳計畫、發展可持續迴圈經濟、保護生物多樣性、發展智慧互連汽車、推動電池研究。 2. 加強德國未來高技術能力。發展微電子、通訊系統、材料、量子技術、現代生命科學和航空航太研究，從關鍵技術、專業人才和社會參與三方面加強德國未來高技術能力。 3. 建立開放的創新與風險文化。支援發展開放的創新與風險文化，為創造性思想提供空間，吸引新參與主體投身德國創新，促進知識轉化，增強中小企業的企業家精神和創新能力，深化德國與歐洲及國際其他地區的創新夥伴關係。	在「加強德國未來高技術能力」的主題中，提出推動人工智慧應用，利用國家人工智慧戰略系統發展德國在該領域的能力。 1. 推進機器學習方面的能力建設，推動學習系統的使用，開發大數據編輯與分析的新方法，從資料中產生知識並創造價值。 2. 在高校設立人工智慧教授崗位，擴大專業人才基礎，同時大幅提高人工智慧在各行業應用的數量，激發創業活力。 3. 在人工智慧、大數據方法應用、人機互動等技術領域，加強與社會的對話。成立資料倫理委員會，提出資料政策和對待人工智慧和數位創新發展框架的建議。

8.2.3　日本 ── 重視科技解決問題，致力「社會 5.0」 計畫

　　2018 年，日本發佈了《日本製造業白皮書》（見表 8-5）、《第 2 期戰略性創新推進計畫（SIP）》（見表 8-6）等戰略和計畫，其中詳細闡述了推動數位經濟發展的行動方案。

▶ 表 8-5　《日本製造業白皮書》

政策概要	
發佈時間：2018 年 6 月 14 日 政策名稱：《日本製造業白皮書》 發文機構：日本經濟產業省	
政策目的	
自 2002 年開始，日本政府在每年 5、6 月期間發佈年度《日本製造業白皮書》，旨在分析和解決日本製造業所面臨持續的低收益率問題，判斷目前全球製造業處於一個非連續創新的階段，指出要將發展互聯工業（Connected Industries）作為日本製造業發展的戰略目標。	
主要舉措	**與數位經濟相關事項**
1. 分析日本製造業面臨的現狀。強調「現場力」對實現生產率提高的重要性，同時推動互聯工業的發展，提出進行更有效的製造業培訓，建構社會通用的能力評價制度，以及培養面向超智慧社會的教育和製造業人才。	1. 提出利用數位化工具強化和提升製造「現場力」。透過利用機器人、物聯網及人工智慧等技術實現自動化，提高生產率並應對人手不足。

（續下表）

主要舉措	與數位經濟相關事項
2.總結 2017 年製造業基礎技術促進措施，評估製造業基礎技術研發措施的推進情況，包括智慧財產權的獲取和應用、技術的標準化及認證、科技創新人才的培養、研究成果的應用轉化。	2.明確互聯工業是未來的產業趨勢。即透過靈活運用物聯網、大數據、人工智慧等數位化工具連接人、設備、系統、技術，實現自動化與數位化融合的解決方案，創造新的附加價值。
3.培育製造業基礎產業。推進產業集群發展，促進中小企業的創新和創業，培育戰略性領域。 4.促進製造業基礎技術學習。加強學校教育中的製造業教育，促進與製造業相關的終身學習。	3.提出培養自動駕駛、機器人等戰略性領域產業。完善戰略性領域的基礎建設，同時強調網路安全。

▶ 表 8-6 《第 2 期戰略性創新推進計畫（SIP）》

政策概要
發佈時間：2018 年 7 月 31 日 政策名稱：《第 2 期戰略性創新推進計畫（SIP）》 發文機構：日本綜合科學技術創新會議
政策目的
該政策旨在透過推動科技從基礎研究到實際應用的轉化、解決國民生活的重要問題及提升日本經濟水準和工業綜合能力，促進科技的研究和開發，實現技術創新，建設超智慧「社會 5.0」。

（續下表）

主要內容	與數位經濟相關事項
1. 基於大數據和人工智慧的網路空間基礎技術，實現機器與人的高度協作及跨領域資料協作。 2. 發展物理空間數位資料處理技術，開發實現物聯網解決方案的通用平台技術及實施社會 5.0 的社會應用技術。 3. 建立與物聯網社會相對應的網路物理安全，建立和維護信任鏈，確保物聯網系統與服務和供應鏈的安全。 4. 自動駕駛系統和服務的擴展。 5. 推進綜合材料開發系統的革命，發展材料整合逆問題基礎技術及應用。 6. 利用光和量子的社會 5.0 實現技術，發展雷射加工、光量子通訊及光電資訊技術。 7. 發展智慧生物產業和農業基礎技術，建立智慧食物鏈系統，建立新的衛生系統。 8. 實現脫碳社會的能源系統，開發能源管理相關技術、無線電力傳輸系統及創新的碳資源高利用率技術。 9. 加強國家抵禦能力（防災減災），開發疏散和緊急活動的綜合支援系統和市政災害應對整合系統。	1. 基於大數據和人工智慧的網路空間基礎技術，發展人機互動基礎技術，實現與人類的高度協作，展開各領域（看護、教育、接待等）的原型設計和有效性驗證，促進跨領域資料協作基礎建設，同時發展人工智慧之間合作的基礎技術。 2. 自動駕駛系統和服務的擴展。促進自動駕駛系統的開發和驗證，開發訊號資訊提供技術，開發自動駕駛實用化的基礎技術，培養社會對自動駕駛技術的接受度。 3. 智慧生物產業和農業基礎技術。建立智慧食物鏈系統，結合大數據、生物技術開展資料驅動型的育種工作。 4. 人工智慧醫院的先進診療系統。開發高度安全的醫療資訊資料庫及醫療資訊的遴選、分析技術，使用人工智慧自動記錄醫療期間的各項活動，開發基於患者生理資訊的人工智慧診斷、監測和治療技術。 5. 智慧物流服務。建構物流和商業流量資料平台，開發「物體運動視覺化」技術「產品資訊視覺化」技術。

（續下表）

主要內容	與數位經濟相關事項
10. 開發人工智慧驅動的先進醫院診療系統。 11. 促進智慧物流服務領域發展。 12. 創新深海資源研究技術，調查稀土泥等海洋礦產的資源量，開發深海資源調查技術和生產技術。	

8.2.4 俄羅斯 — 強調科技發展新理念，建設世界級科教中心

2018 年，俄羅斯發佈了年度《國情咨文》與《2024 年前俄聯邦發展國家目標和戰略任務》（見表 8-8）總統令，強調了要促進數位經濟相關領域的發展。

▶ 表 8-7 《國情咨文》

政策概要
發佈時間：2018 年 3 月 1 日 政策名稱：《國情咨文》 發文者：俄羅斯總統
政策目的
該《國情咨文》旨在闡述俄羅斯科技等領域的國家發展戰略。自 1993 年透過憲法後，俄羅斯總統向聯邦會議發表《國情咨文》成為每年慣例。《國情咨文》雖不具有直接法律效力，但對俄羅斯戰略發展願景具有指導意義。

（續下表）

主要內容	與數位經濟相關事項
1. 國民福祉是國家發展的主要因素。革新就業制度以提高就業率，並確保國民養老金的增長，繼續推動人口可持續增長。 2. 制定並實施國家城市和其他聚落的發展綱要。城市發展應成為國家發展推動力，加強現代化基礎建設。 3. 改善國民居住條件。增加國民收入，降低按揭貸款利率，同時增加住房市場供應量。 4. 發展現代化交通。規範區域和地方道路，發展歐亞運輸動脈及區域間航線系統，提高鐵路運輸力。 5. 發展現代化醫療服務。推動建立有效的醫療保健系統，建立國家醫療系統的統一資料平台。 6. 確保高標準的生態平衡福祉。加強對企業的環保要求，提高飲用水品質。 7. 提高國民的文化生活水準。 8. 加強對青少年的教育培養。 9. 促進科技發展。 10. 發展數位化公共行政系統。確保在六年內實現所有公共服務可透過遠端服務即時提供，實現政府檔流通的數位化。 11. 建立最新戰略武器系統，大力研發先進技術和新型戰略武器。	1. 儘快制定進步的法律框架，為機器人設備、人工智慧、無人駕駛和大數據等前沿技術的開發和應用提供法律基礎。 2. 建立與全球資訊空間相容的國家數位平台，為重組製造流程、金融和物流提供資料服務。 3. 實施第五代資料傳輸網路和物聯網連接建設。 4. 強化國立數學學院的優越性並建立國際數學中心，促使俄羅斯在數位經濟時代具有更大的競爭優勢。

▶ 表 8-8 《2024 年前俄聯邦發展國家目標和戰略任務》

政策概要
發佈時間：2018 年 5 月 7 日 政策名稱：《2024 年前俄聯邦發展國家目標和戰略任務》 總統令發文者：俄羅斯總統

政策目的
該總統令規劃了俄羅斯的六年發展藍圖，確定了 2024 年前俄羅斯在社會、經濟、教育和科學等領域的國家發展目標和戰略任務，明確提出 2024 年前確保俄羅斯在智慧製造、機器人系統、智慧運輸系統等科技優先發展領域進入全球五強。

主要內容	與數位經濟相關事項
1. 提出十二個優先發展領域和具體行動目標，優先發展領域包括人口、健康、教育、住房和城市環境、生態環境、公共交通基礎設施、勞動和就業、科學、數位經濟、文化、中小型企業及國際合作。 2. 提出國家發展的九大目標，包括人口可持續增長、國民預期壽命延長、國民實際收入穩步增長、國家貧困率減半、改善國民家庭生活條件、加速國家技術發展、在經濟和社會領域引入數位技術、確保經濟穩定增長、基於新興技術創建經濟基礎部門。	1. 建設數位經濟法律監管體系。 2. 創建具有國際競爭力的數位基礎設施。實現巨量資料的高速傳輸、處理和儲存。 3. 培養數位經濟領域高素質人才。 4. 發展資訊安全技術。確保個人、企業和國家的資料安全。 5. 發展「端到端」數位技術。 6. 在公共服務、健康、教育、工業等領域引入數位技術和平台解決方案。 7. 支援數位技術和平台解決方案的應用和研發投入。在健康、教育、工業、農業、運輸、能源基礎設施及金融等優先部門進行數位化升級，並為數位化技術的開發提供多樣的融資管道。 8. 制定數位經濟發展規劃。

8.2.5　韓國 ─ 公布體制改革計畫，力爭科技創新

　　2018 年，韓國在數位經濟領域主要發佈了《第四期科學技術基本計畫（2018–2022）》（見表 8-9）、《創新增長引擎》五年計劃（見表 8-10）等，著重指出推動數位經濟發展的優先舉措。

▶ 表 8-9　《第四期科學技術基本計畫（2018–2022）》

政策概要	
發佈時間：2018 年 2 月 政策名稱：《第四期科學技術基本計畫（2018–2022）》 發文機構：韓國政府	
政策目的	
該政策是韓國第四個科學技術五年計劃，是韓國科學技術領域的最高層次計畫，以「科技改變國民生活」為主旨，以人才為中心作為核心目標，旨在透過展示科學和技術到 2040 年應該實現的未來藍圖，將長期願景與基本計畫聯繫起來，對今後五年科技發展作出重要戰略規劃。	
主要內容	**與數位經濟相關事項**
1. 建立以研究人員為中心的新研發體系，培養研究人員的創新能力和融合技能。 2. 建立融合創新的科技生態系統。將科技融入經濟和社會各個領域，同時加強工業界和學術界的合作。 3. 用科學技術培育新興產業，創造良好的就業機會。建立即時連接和管理人、物、資訊的網路基礎，並透過創新增長引擎促進產業發展。 4. 透過科技改善國民生活品質，並解決環境、能源等全球性問題。	1. 人工智慧、智慧城市、三維列印首次入選該計畫的 120 個重點科技專案。 2. 強調繼續提升人工智慧和區塊鏈技術的發展水準。 3. 提出將大數據、下一代通訊、人工智慧、自動汽車、無人駕駛飛行器、智慧城市、VR/AR、定制化醫療保健、智慧型機器人、智慧半導體等領域作為政府大力發展的創新增長引擎技術方向，推動經濟發展，引領第四次工業革命。

▶ 表 8-10 《創新增長引擎》五年計劃

政策概要
發佈時間：2018 年 4 月 6 日 政策名稱：《創新增長引擎》五年計劃 發文機構：韓國未來創造科學部

政策目的
該政策旨在透過創新增長引擎培育基於研發的新產業並加速經濟發展。該政策指出，增長引擎領域將在 2022 年改變韓國，將利用這些領域的發展為第四次產業革命做好準備。該政策還提出了四大創新增長引擎領域及 12 個技術方向。

主要內容	與數位經濟相關事項
1. 發展智慧基礎設施領域。技術方向包括大數據、5G、物聯網商業化、人工智慧。 2. 發展智慧移動物體領域。技術方向包括自動汽車、無人駕駛飛行器。	1. 在智慧基礎設施領域，提出以大數據、下一代通訊、人工智慧為技術方向。提高大數據預測分析的準確性，利用 5G 商業化和物聯網超連結服務開啟並推廣聚服務，透過發展和推廣人工智慧核心技術克服技術差距。 2. 在智慧移動物體領域，提出以自動汽車、無人駕駛飛行器為技術方向。實現真正的可達到 3 級水準的自動駕駛汽車並建設自動交通系統，並發展民眾和企業的無人機技術並實現商業化。

（續下表）

主要內容	與數位經濟相關事項
3. 發展聚合服務領域。技術方向包括智慧城市、虛擬實境和增強現實、定制化的醫療保健、智慧型機器人。 4. 發展產業基礎領域。技術方向包括新藥、新能源及可再生能源、智慧半導體、先進材料。	3. 在會聚服務領域，提出以智慧城市、VR/AR、定制化醫療保健、智慧型機器人為技術方向。提升 VR/AR 融合內容／服務／平台／設備等相關技術，發展個性化醫療及精準醫藥系統，研發和提升智慧製造機器人和醫療安全服務機器人。 4. 在產業基礎領域，提出以智慧半導體為技術方向。計畫 2022 年前獲得人工智慧半導體的核心技術。

8.3 ｜ 中國各地區的數位經濟產業支援政策要點分析

　　大力發展數位經濟，已經成為國家實施大數據、助推經濟高品質發展的重要推手。數位經濟在穩定成長、調結構、促轉型中已發揮引領作用。目前，中國數位經濟總框架體系已基本建構，具體政策體系將加速成型。其中，「互聯網＋」高品質發展的政策體系正醞釀公布。圍繞「互聯網＋」及數位經濟的系列重大工程會接續展開。

　　中央與地方正在謀劃數位經濟新一輪政策佈局，加快建立數位經濟政策體系成為重中之重。據瞭解，這個政策體系或包括數位經濟整體發展促進政策、規制或治理政策、相關環境政策，以及大數據、人工智慧、雲端計算等數位經濟重要行業發展相關政策。

　　2016 年 2 月，貴州省公布全國首個省級層面的數位經濟規劃，廣西壯族自治區、安徽省等省（自治區、直轄市）也相繼公布了支援數位經濟、人工智慧等大數據發展的政策措施；山東、江西等省內地區設定了數位經濟占 GDP 超 3 成的增速目標，並將 5G 等資訊基礎設施建設、傳統產業升級等作為突破口。例如，2019 年 6 月 3 日公佈的《天津市促進數位經濟發展行動方案（2019–2023 年）》指出，天津市力爭到 2023 年，數位經濟占 GDP 比重居全國領先地位。為此，要建設智慧化資訊基礎設施，推動中心城區光纖網路全覆蓋，加快建設 5G 基礎設施。

　　浙江省提出，到 2022 年，實現 5G 相關產業業務收入 4000 億元，支撐數位經濟核心產業業務收入 2.5 萬億元。

　　北京市表示，將加快推進 5G 通訊設備智慧化製造、設備智慧作業系統等一批產業化專案建設，促進數位經濟快速發展。

　　以下是近年來各地區在促進數位經濟發展方面制定的一些支援政策，並梳理分析了《貴州省數位經濟發展規劃（2017–2020）》《福建省數位經濟發展專項資金管理辦法》《安徽省關於印發支援數位經濟發展若干政策以及安徽省支援數位經濟發展若干政策實施細則》等多個省市地區數位經濟產業政策的舉措。重點圍繞以下六個方面：

（1）注重數位化改造與應用示範。

（2）注重創新型、服務型平台建設。

（3）注重建構數位經濟生態體系。

（4）注重招大引強培育市場主體。

（5）注重人才激勵與學科建設。

（6）注重強化要素資源支援力度。

8.3.1 注重數位化改造與應用示範省（自治區、直轄市）的對比與分析（見表 8-11）

▶ 表 8-11 注重數位化改造與應用示範省（自治區、直轄市）的對比與分析

	數位化改造與轉型	促進企業上雲	樹立應用示範標杆	推廣購買服務等新模式
貴州		實施「雲使用券」助推「企業上雲」工作。符合條件的上雲企業可以按程式申領、使用證券，在購買雲服務時抵扣部分雲服務使用費，每家企業每年申請雲使用券金額上限為 5 萬元，其中基礎設施層雲服務的最高支援比例為 40%，平台系統層雲服務、業務應用層雲服務的最高支援比例為 60%。		支援社會資本參與公共服務建設。鼓勵政府與企業、社會機構展開合作，加大對雲端計算、大數據等產品服務的政府採購力度，依託專業企業展開政府資料應用，以政用市場發展帶動數位經濟市場需求增長。
廣西	對企業智慧化技術和工業網際網路改造專案年度固定資產投資額（指廠房和設備）達 2000 萬元以上的，按照年度固定資產投資額的 5% 給予補助，最高不超過 500 萬。對自治區「兩化融合」重點專案，擇優按不超過近 3 年資訊	實行「雲服務券」財政補貼制度。建立「上雲企業出一點、雲服務商讓一點、各級財政補一點」聯合激勵機制。鼓勵雲服務商實行優惠折扣，公布全區各級財政補貼比例和限額標準，透過財政資金對區內註冊企業購買雲服務給予一定		

	數位化改造與轉型	促進企業上雲	樹立應用示範標杆	推廣購買服務等新模式
	化相關軟硬體投資額的5%予以補助，單個專案補助最高不超過100萬元。對列入工業和資訊化部「兩化融合」管理體系貫標試點的企業，給予一次性獎勵補助10萬元。	補貼，向區內企業發放「雲服務券」，降低企業上雲成本。		
福建		支援數位福建技術支撐單位透過集中購買服務的方式購買雲端計算等數位經濟基礎設施和公共平台服務。支援省直部門、單位透過購買服務方式開展資訊化應用和服務。	支援展開數位經濟區域性、行業性試點示範和網際網路、物聯網、衛星應用等新技術、新業態、新模式創新應用，對應用示範工程給予不超過300萬元的補助。	對於網際網路企業購買數位福建（長樂）產業園、數位福建（安溪）產業園等數位經濟重點產業園區的資料中心服務，按企業每年費用的30%予以補助，單個企業年補助額度不超過30萬元。
天津			培育一批大數據、網信新技術、新產品、新模式等試點示範專案，對獲批國家大數據、網信試點示範專案的企業給予最高不超過500萬元獎勵。對大數據、網信核心產業的重點專案，給予不超過實際投資額20%、最高不超過５００萬元資金支援。	

數位化改造與轉型	促進企業上雲	樹立應用示範標杆	推廣購買服務等新模式
湖南			遴選一批有較強市場和技術實力的移動網際網路和大數據平台（產品），加快在全省社會管理和公共服務中推廣應用。探索採用政府和社會資本合作（PPP）模式，推動移動網際網路和大數據平台（產品）應用。

8.3.2　注重創新型服務型平台建設省（自治區、直轄市）的對比與分析（見表 8-12）

▶ 表 8-12　注重創新型服務型平台建設省（自治區、直轄市）的對比與分析

支援創新型公共服務平台	支援發展雲服務等專案類平台	宣傳交流平台建設
貴州 推動大數據產業的要素整合，支援和鼓勵企業開展大數據產業公共研發技術服務平台建設，對投資超過 1000 萬元的專業化公共研發技術服務平台，由所在市級政府認定後，給予投資額 10% 的一次性獎勵，最高不超過 1000 萬元。		自 2015 年開始已連續舉辦四屆數博會，並於 2017 年正式升級為國家級展會活動。作為全球首個大數據主題博覽會，數博會成為全球大數據發展的風向標和業界最具國際性和權威性的成果交流平台。

	支援創新型公共服務平台	支援發展雲服務等專案類平台	宣傳交流平台建設
廣西		自治區支援行業龍頭企業建設的公共服務雲平台、共用經濟平台，經認定後，由服務業領域有關專項資金予以補助。補助額度原則上控制在專案實際投資額的 10% 以內，單個專案補助不超過 1500 萬元。	
福建	對企事業單位（包含高等院校、科研機構）投資建設的數位經濟領域創新平台、重點行業公共平台，給予不超過 500 萬元的投資補助。		對社會合作廠商機構或業內知名企業組織開展全省數位經濟創業創新大賽，每賽次安排不超過 500 萬元大賽獎金。
天津			
湖南	鼓勵園區、企業和社會機構建設應用測試、雲服務、資料中心、行業公共技術服務等公共資源平台，持續完善平台支撐功能，省本級按照不超過平台建設費用的 20% 給予補貼，最高可獲得 1000 萬元，進一步促進產業公共服務體系向專業化、網路化、一體化升級。		組織召開有影響力的國際或全國性的網際網路、大數據專業性會議或交流活動，將視會議或活動規模、影響力等給予 50 ～ 200 萬元的一次性補助。

	支援創新型公共服務平台	支援發展雲服務等 專案類平台	宣傳交流平台建設
安徽		鼓勵企業突破資料整合、平台管理、開發工具、微服務框架、建模分析等關鍵技術，建設工業網際網路（雲）平台。每年優選一批企業級工業網際網路（雲）平台，每個獎補 50 萬元；優選一批工業網際網路（雲）公共平台，每個獎補 100 萬元。建立動態管理的工業網際網路（雲）服務資源庫目錄，對優秀服務商予以重點宣傳推薦。	

8.3.3　注重建構數位生態體系省（自治區、直轄市）的對比與分析（見表 8-13）

▶ 表 8-13　注重建構數位生態體系省（自治區、直轄市）的對比與分析

	支援形成平台與 應用互動體系	培育數位經濟創新 聯合體與生態體系	支援制定數位 技術生態標準	強關鍵技術攻關 與產業化
廣西			對數位經濟企業或行業協會主持起草並頒佈實施的數位技術國際標準，國家標準、自治區標準，分別給予一次性獎勵 60 萬元、40 萬元、20 萬元。	

	支援形成平台與應用互動體系	培育數位經濟創新聯合體與生態體系	支援制定數位技術生態標準	強關鍵技術攻關與產業化
湖南				每年確定 3～5 個帶動性或基礎性強，或屬新興優勢產業鏈補鏈強鏈的重點領域。支援企業在移動網際網路、大數據、物聯網、人工智慧、區塊鏈等方面開展關鍵技術攻關和產業化。對投資額 200 萬元以上的，按照不高於專案技術開發費用的 20% 給予資金補助，最高可獲得 500 萬元。
安徽	支援數位經濟領域的平台型企業，透過開放平台功能與資料、提供開發環境與工具等方式，廣泛彙聚合作廠商應用開發者，建構開發與應用良性互動生態。每年安排 1000 萬元獎補一批由安徽省企業自主研發並取得實效的工業 App。	支援省內數位經濟領域的「產學研」平台資源整合，提供創意設計、研究開發、檢驗檢測、標準資訊、成果推廣、創業孵化、跨界合作、展覽展示、教育培訓等一體化服務。每年優選一批聯合體給予一次性獎補，每個最高可獲得 500 萬元。	對主導制定國際、國家（行業）相關數位技術標準並取得實效的企業，分別給予每個標準一次性獎補 100 萬元、50 萬元。	
上海				對符合重點支援方向的人工智慧領域專案，按照本市人工智慧創新發展專項支援實施細則，給予總投資最高 30%、總額最高 2000 萬元的支援。

8.3.4 注重招大引強培育市場主體省（自治區、直轄市）的對比與分析（見表 8-14）

▶ 表 8-14 注重招大引強培育市場主體省（自治區、直轄市）的對比與分析

	對龍頭企業的招引	支援本土企業做大做強
貴州	1. 省外大數據及關聯企業總部遷至我省或在我省設立區域性總部的，依據其繳納的稅收、吸納就業和產業水準等情況，由所在市、縣級政府給予一次性不超過 500 萬元的落戶獎勵。 2. 世界 500 強、國內電子百強企業及國家規劃佈局內重點軟體 (積體電路設計) 企業，在我省投資 5 億元以上建立研發生產基地，涉及的國有土地使用權出讓收益，按規定計提各種專項資金後的土地出讓收益由市、縣留存部分，可用於支援專案建設。	1. 對新創辦的大數據及相關產業符合「3 個 15 萬元」扶持政策的微型企業，納入重點行業予以扶持，享受「3 個 15 萬元」的優惠政策。 2. 投資 1000 萬元及以上的大數據企業，從企業投產營運之日起 3 年內，企業所交納的省級以下稅收地方財政留存增量部分，由企業所在地市、縣政府全額補助給企業，用於支援企業發展；投產營運 3 年以上、5 年以內的，以減半方式給予支援。 3. 經認定的大數據龍頭企業，可採取「一企一策」「一事一議」的方式加大支援力度。
福建	對數位經濟龍頭企業，設立具有獨立法人資格的機構 (包括區域總部、行業總部、研發中心)，註冊資本金實際到位 1 億元 (含) 以上的，給予 200 萬元的一次性落戶獎勵。	對年營業收入首次超過 4000 萬元、1 億元的網際網路企業，分別給予 50 萬元、100 萬元的一次性獎勵。對評選的數位經濟重點領域優秀創新產品，分檔次一次性給予不超過 200 萬元的獎勵。
安徽	1. 對總部 (含研發總部和區域總部) 新落戶的全國電子資訊百強、軟體百強、網際網路百強企業，每戶給予一次性獎補 200 萬元。 2. 對首次進入全國電子資訊百強、軟體百強、網際網路百強的企業，分別給予一次性獎補 100 萬元。 3. 對首次進入安徽省重點電子資訊、軟體企業名單的企業，分別給予一次性獎補 50 萬元。	對省屬數位技術企業營業收入首次達到 1 億元、10 億元的，分別給予一次性獎補 100 萬元、500 萬元。企業首次進入國家「獨角獸企業」名單的，鼓勵所在市政府採取「一事一議」的方式給予支援。

	對龍頭企業的招引	支援本土企業做大做強
上海	支援人工智慧龍頭企業在滬建立總部，鼓勵有條件的企業或機構設立創新平台、孵化基地。鼓勵人工智慧企業離岸創新成果在本市轉化，在相關方面視同國內創新成果支援。	
天津	對綜合實力達到行業領先地位、主要產品市場佔有率全國領先的大數據、網信領軍企業，經認定後，給予最高 500 萬元獎勵。對成長性好、發展潛力大的大數據、網信領軍培育企業，經認定後，給予最高 300 萬元獎勵。	
湖南		1. 對入圍全國網際網路百強企業或全國軟體百強的盈利企業給予獎勵，進入前 20 名的一次性給予獎勵 300 萬元，進入 21 ～ 50 名的一次性給予獎勵 200 萬元，進入 51 ～ 100 名的一次性給予獎勵 100 萬元。 2. 對移動網際網路和大數據相關業務收入首次突破 1 億元、5 億元、10 億元的盈利企業，一次性分別給予獎勵 50 萬元、100 萬元、200 萬元。對企業的獎勵不影響企業申報專案。 3. 對於上一年營業收入 300 萬元以上、年增幅超過 50% 的中小微企業，視其專案投入、規模、增速、經濟貢獻和就業情況，給予 30 萬～ 150 萬元專案資金補助。 4. 對於獲得天使輪投資和風險投資的企業，視獲得投資額度可提高支援力度。

8.3.5 注重人才激勵與學科建設省（自治區、直轄市） 的對比與分析（見表 8-15）

▶ 表 8-15 注重人才激勵與學科建設省（自治區、直轄市）的對比與分析

	加強重大貢獻榮譽激勵	鼓勵開設數位經濟相關專業	大力支援技術創新創業團隊	支援數位經濟企事業單位培養技能人才
貴州				1. 鼓勵企業與國內外知名高校院所開展合作，探索多元化的校企聯合培養模式，重點培養網路技術、大數據、人工智慧、虛擬實境等數位經濟領域緊缺技能人才。對高校、科研院所等專業技術人員經同意離崗的，可在三年內保留人事關係。積極支援和指導數位經濟高層次人才入選我省百人領軍人才、千人創新創業人才，優先向國家推薦「國家百千萬人才工程人選」。 2. 鼓勵有條件的職業院校、社會培訓機構和數位經濟企業開展網路創業培訓，對參加網路創業培訓的勞動者，按有關規定給予創業培訓補貼。將數位經濟相關職業（工種）納入就業技能培訓和高技能人才培訓補貼範圍。對參加職業培訓和職業技能鑒定的人員，以及組織職工培訓的數位經濟企業，可按規定享受職業培訓補貼和職業技能鑒定補政策。

	加強重大貢獻榮譽激勵	鼓勵開設數位經濟相關專業	大力支援技術創新創業團隊	支援數位經濟企事業單位培養技能人才
安徽	每年評選 10 個「數位經濟領軍企業」，給予每家企業一次性獎補 100 萬元，評選 10 名「發展數位經濟領軍人物」，給予其領導的團隊一次性獎補 50 萬元。			
湖南		支援省屬高校與相關單位合作共建網際網路學院。高等院校新設移動網際網路和大數據相關專業，可給予最高 100 萬元專案建設補助。	在移動網際網路、大數據、物聯網、人工智慧、區塊鏈等方面展開技術攻關和產業化的團隊，經濟效益顯著的，每年遴選 5～10 個優秀創新團隊，每個團隊給予 50 萬～100 萬元一次性補助。	對高等院校、中等職業學校、技工學校等教育培訓機構經過 6 個月以上培訓培養的移動網際網路和大數據專業學員中，有 200 人以上與省內企業簽訂兩年以上勞動合約的，綜合考慮其培訓成本及簽訂勞動合約的實際學員人數給予獎補，最高可獲得 100 萬元。
廣西		對新獲批建設的大數據相關專業博士點、碩士點，以及新獲批開設的大數據相關本科、專科（高職）專業，由自治區教育發展專項基金分別給予一次性獎勵補助 200 萬元、150 萬元、100 萬元，50 萬元。		1. 對於依法參加失業保險、累計繳納失業保險費滿 36 個月的數位經濟企業職工，並在 2017 年 1 月 1 日後取得初級（五級）、中級（四級）、高級（三級）職業資格證書或職業技能等級證書的，可分別申領一次性技能提升補貼 1000 元、1500 元、2000 元。 2. 符合自治區緊缺急需職業（工種）的，技能提升補貼標準在一般職業（工種）對應等級的補貼標準基礎上提高 20%，所需資金從失業保險基金中列支。

8.3.6 注重加大要素資源支援力度省（自治區、直轄市）的對比與分析（見表 8-16）

▶ 表 8-16 注重加大要素資源支援力度省（自治區、直轄市）的對比與分析

	落實稅收優惠政策	加大基金支援力度	加大信貸支援
貴州	1. 對創業投資企業和有限合夥制創業投資企業的法人合夥人從事國家鼓勵的創業投資，符合條件的可按投資額的一定比例抵扣應納稅所得額。 2. 優先支援符合條件的數位經濟企業認定為高新技術企業，對被認定為高新技術企業的，可享受 15% 的企業所得稅優惠稅率。 3. 對數位經濟企業新購進的專門用於研發的儀器、設備，單位價值不超過 100 萬元的，可按規定在稅前一次性扣除；單位價值超過 100 萬元的，可縮短折舊年限或採取加速折舊的辦法。 4. 對處在起步階段，規模不大但發展前途廣闊，有利於大眾創業萬眾創新的數位經濟形態，按照國家有關稅收激勵政策，可依法享受企業所得稅、增值稅等稅收優惠政策。 5. 對數位經濟企業開發新技術、新產品、新工藝發生的研究開發費用可按規定在計算應納稅所得額時加計	推動社會資本向數位經濟領域加快集中。建立以前沿技術支撐、數位基礎設施、智慧化改造提升等專案為重點的數位經濟發展專案庫，及時發佈並推進數位經濟工程包建設，向在黔商會、大企業、大集團加強推廣，吸引社會資本向數位經濟優質專案加大投入。鼓勵天使投資、風險投資、創業投資、私募基金等投資機構支援初創型、成長型數位經濟企業發展。	引導金融機構探索展開以智慧財產權為抵押物的信貸業務。支援外資創業投資、股權投資機構積極探索投資專案管理新模式。培育有條件的數位經濟企業作為重點上市融資企業，鼓勵中小數位經濟企業在「新三板」等股權交易中心掛牌融資。支援符合條件的數位經濟企業透過發行企業債券、公司債券、非金融企業債務融資工具等方式擴大融資，實現融資管道多元化。鼓勵各縣（市、區）政府、產業主管部門、園區管理機構給予數位經濟領域創新型企業融資一定額度的貸款貼息、評估補助、風險補助及其他形式的金融服務。

	落實稅收優惠政策	加大基金支援力度	加大信貸支援
福建		鼓勵金融機構、產業資本和其他社會資本設立市場化運作的物聯網、大數據、人工智慧、衛星應用及其他數位經濟細分領域的產業投資基金、創業投資基金。基金以股權投資方式投資福建省未上市數位經濟企業，年度投資總額達 5000 萬元（含）以上且投資期限在三年以上，按其當年實際投放投資總額的一定比例給予獎勵，每年最高獎勵不超過 300 萬元。	展開重大專案貼息補助，對數位經濟產業基地、重點園區、創新平台等基礎設施新增投資及重大專案投資，給予貸款貼息支援，單個專案貼息率最高不超過中國人民銀行公佈的同期貸款基準利率的 50%，當年貼息額度不超過 1000 萬元，連續支援不超過三年。
安徽	嚴格落實固定資產加速折舊，企業研發費用加計扣除，軟體和積體電路產業企業所得稅優惠，小微企業稅收優惠等政策，經認定為高新技術企業的，減按 15% 的稅率徵收企業所得稅。落實股權激勵和技術入股有關所得稅政策。		鼓勵銀行業金融機構優化數位技術企業信貸審批流程，適度提升風險容忍度，展開智慧財產權、商標專用權、專利權、股權、應收賬款等質押貸款，擴大信用貸款規模。創新「稅融通」業務，助力中小企業融資。建立省數位經濟企業上市掛牌後備資源庫，支援企業對接多層次資本市場上市掛牌，省財政按規定予以獎勵。支援符合條件的企業發行債券。同等條件下，國有及國有控股擔保（再擔保）公司對數位經濟企業給予優先擔保，擔保費率不高於 1.2%。對數位經濟領域高新技術企業投保的科技保險按規定給予補助。

	落實稅收優惠政策	加大基金支援力度	加大信貸支援
天津			
湖南		規範省移動網際網路投資基金運作，積極吸引社會資本參股省移動網際網路投資基金，按照政府出資額度，可以將省級政府出資應享有的超過基準的收益部分讓渡給社會資本。對創業投資企業投資的企業專案，資金到位後三年內任一年度可以按照不超過創業投資企業投資額的20%給予一次性補貼，最高可獲得200萬元。	
廣西			

（續上表）

	優先安排建設用地	加強電力資源支援
貴州	1. 加大用地保障力度。以「先存量、後增量」的原則，依法保障數位經濟新產業、新業態用地供應。對新產業、新業態發展快、用地集約且需求大的地區，可適度增加年度建設用地指標。對符合土地利用整體規劃和城鄉規劃的數位經濟產業專案，優先保障用地。對數位經濟企業用地，在符合產業方向、明確產業用地類型的前提下，可採用掛牌方式出讓，提高土地資源開發效能。	變壓器容量在315KVA及以上的資料中心用電執行大工業電價，可優先列入大用戶直購電範圍。支援大數據基地建設自備電廠，透過直供電、資金補貼和獎勵等方式降低要素成本。

	優先安排建設用地	加強電力資源支援
	2. 降低土地成本。對列入省重點專案計畫的新建數位經濟專案取得國有建設用地使用權的，可以分期繳納土地出讓金，簽訂土地出讓合約後一個月內繳納出讓價款的 50%，餘款在一年內繳清。對納入省數位經濟產業規劃且用地集約的數位經濟產業重點專案，在確定土地出讓底價時可按不低於所在地土地等別相對應工業用地出讓最低標準的 70% 執行，但不得低於實際土地取得成本、前期開發成本和按規定應收取的相關費用之和。對新落戶的數位經濟企業，自投產次年起五年內，年度納稅（不含土地使用稅）畝均 3 萬元以上的，由地方政府給予一定獎勵。對數位經濟企業現有工業用地，在符合規劃、不改變用途的前提下，提高土地利用率的，不再增收土地價款。鼓勵實行長期租賃、先租後讓、租讓結合的工業用地供應方式，加快辦理產業園區用地手續。數位經濟產業集聚區和數位經濟企業符合住房保障條件的員工可納入當地住房保障政策範圍。	
福建		
安徽	對於屬於下一代資訊網路產業（通訊設施除外）、新型資訊技術服務、電子商務服務等經營服務專案，可按商服用途落實用地。在不改變用地主體、規劃條件的前提下，開發網際網路資訊資源，利用存量房產、土地資源發展新業態、創新商業模式、開展線上／線下融合業務的，可實行繼續按原用途和土地權利類型使用土地的過渡期政策。過渡期滿，可根據企業發展業態和控制性詳細規劃,確定是否另行辦理用地手續事宜。	對符合條件的雲端計算中心、超算中心、資料中心、災備中心等執行工商業及其他電價中的兩部制電價。支援通訊、廣電營運企業及相關 IT 企業參加電力使用者與發電企業直接交易。

	優先安排建設用地	加強電力資源支援
天津	對入駐政府投資建設標準廠房和辦公用房的大數據、網信企業，由企業所在區人民政府給予 3 年的辦公場地租金補貼，３００平方公尺以內 300 至 1000 平方公尺部分半。	
湖南		加快建設並優化佈局雲端計算及大數據平台等新型應用基礎設施。變壓器容量在 315 KVA 及以上的資料中心用電執行大工業電價，可優先列入大用戶直購電範圍。
廣西	1. 對投資 5 億元以上的數位經濟產業基地涉及的國有土地使用權出讓收益，按規定計提各種專項資金後的土地出讓收益由市縣留存部分，在政策規定使用範圍內，可透過預算安排統籌用於支援數位經濟產業基地建設。 2. 對在總部基地工商註冊登記的企業，入駐所在地政府投資建設的標準廠房和辦公用房，由所在地政府給予辦公場地租金補貼，面積為 300 平方公尺以內的，免房租；面積為 300 平方公尺至 1000 平方公尺的，對部分房租三年內減半收取。	對已納入《廣西數位經濟發展規劃（2018-2025 年）》的數位經濟產業園區，同等享受自治區級及以上的工業園區、現代服務業集聚區的用電政策，園區內的電力使用者納入電力市場化交易範圍，對不能採用電力市場化交易且未實現到戶電度電價 0.349 元 / 千瓦時的大數據中心用戶，給予最高 0.2 元 / 千瓦時的財政補貼（補貼後不低於 0.349 元 / 千瓦時），連補 3 年，每戶每年最高補貼不超過 500 萬元。極大降低大數據中心生產用電成本。

8.4 ┃ 總結

數位經濟是各國尋求可持續發展的重要機遇。作為全球經濟增長最快的領域，新經濟成為帶動新興產業發展、傳統產業轉型，促進就業和經濟增長的主導力量，直接關係到全球經濟的未來走向和格局。

數位經濟既是中國經濟提質增效的新變數，也是中國經濟轉型增長的新藍海，政府、企業、社會各界都應積極進行數位化轉型，促進數位經濟的健康發展。各方既要為數位經濟的發展創造良好條件，也要積極應對數位經濟發展中可能出現的各種問題，使技術發展真正惠及廣大人民群眾。

在數位技術賦能傳統行業的過程中，更多的是本身就是輕營運模式的產業得以優先完成數位化，使得重模式實體產業並沒能實現有效轉型。線下業務的線上管理複雜低效，線下資訊即時異動不能及時回饋給線上，線上與線下資訊對接不上、業務融合不完全。這些問題都在阻礙著數位經濟與傳統產業相互之間的深度滲透，而如何讓兩者結合實現價值最大化，就成了現階段幫助傳統產業全面轉型的首要任務。

　　在未來，必須深度打磨數位化技術，讓線下產品、業務充分實現數位化，以便線上管理調配。只有實體產業的數位化進程足夠深入，線下才有可能實現透明化管理。線上資訊的透明化一方面能讓消費者透過資料直觀瞭解產品資訊，另一方面也能讓線上平台根據消費者的資料回饋有效調配線下業務。未來的數位化企業要利用網際網路技術實現操作流程視覺化、產品可追蹤化管理。

　　在越來越多「接地氣」政策的指導和保駕護航下，相信中國的數位經濟產業將會越來越健康、快速地得到發展。數位孿生這門科學技術也將乘著數位經濟產業的東風愈加完善、成熟，造福於國家和人民。

參考文獻

[1] Gartner·數位孿生正走向主流應用 75% 參與物聯網的組織 5 年內計畫落地 [EB/OL]. http://sh.qihoo.com/pc/9b8c49be3ce053038? cota=3&refer_ scene=so_ 1&sign=360_e39369d1。

[2] 德勤·製造業如虎添翼：工業 4.0 與數位孿生 [R]·融合論壇，2018。

[3] 莊存波，等·產品數位孿生體的內涵、體系結構及其發展趨勢 [J]·電腦整合製造系統，2017。

[4] Digital Twin 數位孿生 工四 100 術語 [EB/OL]·http://www.hysim. cc/ view. php?id=81。

[5] 寄雲科技·一文讀懂數位孿生的應用及意義 [EB/OL]·http:// www.clii.com.cn/ lhrh/hyxx/201810/t20181008_3924192.html。

[6] 劉大同，等·數位孿生技術綜述與展望 [J]·儀器儀錶學報·2018(11)。

[7] 從仿真的視角認識數位孿生 [EB/OL]·http://www.sohu.com/a/ 195717460_488176。

[8] 物聯網應用中的數位孿生 –– 一種實現物聯網數位孿生的全面的解決方案 [EB/ OL]·https://blog.csdn.net/ steelren/article/details/ 79198165。

[9] Digital Twin 的 8 種解讀 [EB/OL]．https://www.cnblogs.com/aabbcc /p/10000117.html。

[10] 虛擬空間再造一座城！數位孿生城市推動新型智慧城市建設 [EB/OL]．http:// news.rfidworld.com.cn/2019_02/32c97e1975b2 84b7.html。

[11] 陳才．數位孿生城市服務的形態與特徵 [J]．CAICT 資訊化研 究。

[12] 新時代 數位孿生城市來臨 [J]．中國資訊界。

[13] 高豔麗．以數位孿生城市推動新型智慧城市建設 [J]．CAICT 資 訊化研究。

[14] 什麼是數位孿生技術 它的價值在哪裡 [EB/OL]．http://field. 10jqka.com. cn/20190313/c610219150.shtml。

[15] 數位孿生概念興起 多領域探索及運用 [EB/OL]．https://tech. china.com/ article/201903 12/kejiyuan0129252569.html。

[16] 數位孿生系列報導（十）：數位孿生驅動的複雜產品裝配工藝 [J]．電腦整合製造系統。

[17] 數位孿生技術助增產 [EB/OL]．https://mp.weixin.qq.com/s? biz= MzU1MTkw NDAwOA%3D%3D&idx=2&mid=2247491107&sn=b 5556beff5dee5f57c2dbe 39bca7c6f1。

[18] 數位孿生：全面預算系統的未來趨勢 [EB/OL]．https://www.xuanruanjian.com/ art/146214.phtml。

[19] 陶飛，等。數位孿生五維模型及十大領域應用 [J]．電腦整合製造系統，2019，25(1)。

[20] Digital twin：如何理解？如何應用 [EB/OL]．http://sh.qihoo.com/pc/9cf5c809c 89b80f5c?cota=3&refer_scene=so_1&sign=360_e39369d1。

[21] 熊明，等。數位孿生體在國內首條在役油氣管道的建構與應用 [J]．油氣儲運，2019(38)。

Note

Note

Note